高职高专艺术设计类专业教材

CorelDRAW X6
SHEJI SHIYONG JIAOCHENG

CorelDRAW X6
设计实用教程

陈 露 编著

U0190762

重庆大学出版社

图书在版编目（CIP）数据

CorelDRAW X6设计实用教程/陈露编著.—重庆：
重庆大学出版社，2016.5（2021.2重印）
高职高专艺术设计类专业教材
ISBN 978-7-5624-9069-2

Ⅰ.①C… Ⅱ.①陈… Ⅲ.①图形软件—高等职业教
育—教材 Ⅳ.①TP391.41

中国版本图书馆CIP数据核字（2015）第097648号

高职高专艺术设计类专业教材

CorelDRAW X6 设计实用教程
CorelDRAW X6 SHEJI SHIYONG JIAOCHENG

陈 露 编 著

策划编辑：张菱芷 蹇 佳 席远航
责任编辑：杨 敬 版式设计：蹇 佳
责任校对：张红梅 责任印制：赵 晟

重庆大学出版社出版发行
出版人：饶帮华
社址：重庆市沙坪坝区大学城西路21号
邮编：401331
电话：（023）88617190 88617185（中小学）
传真：（023）88617186 88617166
网址：http://www.cqup.com.cn
邮箱：fxk@cqup.com.cn（营销中心）
全国新华书店经销
重庆共创印务有限公司印刷

开本：787mm×1092mm 1/16 印张：7.25 字数：225千
2016年5月第1版 2021年2月第2次印刷
印数：2 001—3 000
ISBN 978-7-5624-9069-2 定价：45.00元

序

    我国人口13亿之巨，如何提高人口素质，把巨大的人口压力转变成人力资源的优势，是建设资源节约型、环境友好型社会，实现经济发展方式转变的关键。高职教育承担着为各行各业培养输送与行业岗位相适应的高技能人才的重任。大力发展职业教育有利于改善经济结构，有利于经济增长方式的转变，是实施"科教兴国，人才强国"战略的有效手段，是推进新型工业化进程的客观需要，是我国在经济全球化条件下日益激烈的综合国力竞争中得以制胜的必要保障。

    高等职业教育艺术设计教育的教学模式满足了工业化时代的人才需求；专业的设置、衍生及细分是应对信息时代的改革措施。然而，在中国经济飞速发展的过程中，中国的艺术设计教育却一直在被动地跟进。未来的学习将更加个性化、自主化，因为吸收知识的渠道遍布在每个角落；未来的学校将更加注重引导和服务，因为学生真正需要的是目标的树立与素质的提升。在探索过程中，如何提出一套具有前瞻性、系统性、创新性、具体性的课程改革方法将成为值得研究的话题。

    在进入21世纪的第二个十年，基于云技术和物联网的大数据时代已经深刻而鲜活地展现在我们面前。当前的艺术设计教育体系将被重新建构，同时也被赋予新的生机。本套教材集合了一大批具有丰富市场实践经验的高校艺术设计教师作为编写团队。在充分研究设计发展历史和设计教育、设计产业、市场趋势的基础上，不断梳理、研讨，明确了当下高职教育和艺术设计教育的本质与使命。

    曾几何时，我们在千头万绪的高职教育实践活动中寻觅，在浩如烟海的教育文献中求索，矢志找到破解高职毕业设计教学难题的钥匙。功夫不负有心人，我们的视界最终聚合在三个问题上：一是高职教育的现代化。高职教育从自身的特点出发，需要在教育观念、教育体制、教育内容、教育方法、教育评价等方面不断进行改革和创新，才能与中国社会现代化同步发展。二是创意产业的发展和高职艺术教育的创新。创意产业作为文化、科技和经济深度融合的产物，凭借其独特的产业价值取向、广泛的覆盖领域和快速的成长方式，被公认为21世纪全球最有前途的产业之一。从创意产业发展的视野，谋划高职艺术设计和传媒类专业教育改革和发展，才能实现跨越式的发展。三是对高等职业教育本质的审思，即从"高等""职业""教育"三个关键词入手，高等职业教育必须为学生的职业岗位能力和终身发展奠基，必须促进学生职业能力的养成。

    在这个以科技进步、人才为支撑的竞争激烈的新时代，实现孜孜以求的综合国力强盛不衰、中华民族的伟大复兴，科教兴国，人才强国，赋予了职业教育任重而道远的神圣使命。艺术设计类专业在用镜头和画面、用线条和色彩、用刻刀与笔触、用创意和灵感，点燃了创作的火花，在创新与传承中诠释着职业教育的魅力。

重庆工商职业学院传媒艺术学院院长
教育部职业院校艺术设计类专业教学指导委员会委员   徐 江

前言

　　CorelDRAW是一款功能强大的矢量图形绘图软件，其界面简洁、明快，赢得了众多初学者和专业人士的青睐。这款图形绘制软件被广泛应用于平面广告设计、插画设计、书籍装帧设计、包装设计等领域。

　　本书是作者多年的设计教学及实践的经验总结，以由浅入深地介绍CorelDRAW X6中文版软件的使用，采用技法训练的方式编写而成，本教材分十个技法训练：CorelDRAW X6入门、绘制基本图形、对象操作和管理技巧、色彩填充与轮廓编辑、处理文本、处理位图、平面广告设计、插画设计、书籍装帧设计、包装设计。

　　前六个训练是软件操作技巧的介绍；后四个训练是软件综合案例的讲解。内容浅显易懂，实例丰富实用，可操作性强。

　　"CorelDRAW"课程为广告设计与制作、视觉传达设计的专业核心课，在课程体系中起着承上启下的重要作用。通过本课程的学习，培养学生能够利用该软件进行绘制矢量图、印前设计处理和版面编排的能力。使学生能根据客户的需求，进行方案的设计与制作，满足对广告设计、视觉设计、美编等工作的需要。

　　与其他同类的教材相比，本书有自己的特色，主要表现为：书稿的编写遵循软件操作技巧在先，软件综合案例讲解在后的原则，做到基础操作知识点清晰、易懂，案例分析直观、典型。在每个技法训练前面都有学习要点介绍，为每个技法训练的学习作了概括式的提示和引导。当然，本书在编写中也存在许多的不足，这是今后需要加强和改进的方向。在编写过程中，借鉴和引用了一些书籍的相关知识点和图片，在此对那些书籍、图片的作者表示感谢。

　　本书在编写上力求严谨，但由于水平限制，难免存在疏漏不妥之处，敬请广大读者批评指正。

陈　露

2016年1月

目录

CorelDRAW X6 入门

学习重点

知道矢量图与位图、色彩模式和文件格式的相关知识。

熟悉CorelDRAW X6工作界面。

重点掌握CorelDRAW X6新建和打开文件、保存和关闭文件、导入和导出文件、页面设置、查看视图、打印输出文体的方法。

CorelDRAW X6广泛地应用于标志设计、VI设计、海报招贴设计、广告设计、插图描画、书籍装帧设计、包装设计、排版及分色输出等诸多领域。

CorelDRAW X6 基础知识

利用CorelDRAW X6进行图像的设计制作过程中，首先需要了解的就是图像的基本知识。图像的基本知识，是贯穿于整个设计制作的重要内容。了解了什么是矢量图、位图、色彩模式等之后，才能更好地掌握相关的软件及其制作方法和流程。

1.1.1　矢量图和位图

矢量图和位图，是根据运用软件以及最终存储方式的不同而生成的两种不同的文件类型。在图像处理过程中，分清矢量图和位图的不同性质是非常必要的。

（1）矢量图

矢量图，又称向量图，是由线条和图块组成的图像。将矢量图放大后，图形仍能保持原来的清晰度，且色彩不失真（图1-1）。

图1-1　矢量图

矢量图的特点如下：

①文件小。由于图像中保存的是线条和图块的信息，所以矢量图形与分辨率和图像大小无关，只与图像的复杂程度有关，简单图像所占的存储空间小。

②图像大小可以无级缩放。在对图形进行缩放、旋转或变形操作时，图形仍具有很高的显示和印刷质量，且不会产生锯齿模糊效果。

③可采取高分辨率印刷。矢量图形文件可以在任何输出设备及打印机上以打印机或印刷机的最高分辨率输出。

（2）位图

位图，也叫光栅图，是由很多个像小方块一样的颜色网格（即像素）组成的图像。位图中的像素由其位置值与颜色值表示，也就是将不同位置上的像素设置成不同的颜色，即组成了一幅图像。位图图像放大到一定的倍数后，看到的便是一个一个方形的色块，整体图像也会变得模糊、粗糙（图1-2）。

图1-2 位图

位图具有以下特点：

①文件所占的空间大。用位图存储高分辨率的彩色图像需要较大储存空间，因为像素之间相互独立，所以占的硬盘空间、内存和显存比矢量图都大。

②会产生锯齿。位图是由最小的色彩单位"像素"组成的，所以位图的清晰度与像素的多少有关。位图放大到一定的倍数后，看到的便是一个一个的像素，即一个一个方形的色块，整体图像便会变得模糊且会产生锯齿。

③位图图像在表现色彩、色调方面的效果比矢量图更加优越，尤其是在表现图像的阴影和色彩的细微变化方面效果更佳。

1.1.2　色彩模式

色彩模式包括RGB模式、CMYK模式、位图模式、灰度模式、Lab模式、索引模式、HSB模式和双色调模式等。其中常用的色彩模式为RGB模式和CMYK模式。

①RGB模式：适用于显示器、投影仪、扫描仪、数码相机等。RGB色彩模式是色光的颜色模式。R代表红色、G代表绿色、B代表蓝色。三者混合后，色值越大，颜色越亮；反之，则越暗。当RGB均设置为0时，颜色为黑色；若三者设置均为255，则颜色为白色。RGB色彩模式也被称为"加色模式"。

②CMYK模式：适用于打印机、印刷机等。CMYK色彩模式是基于图像输出处理的模式，根据印刷油墨的混合比例而定，是一种印刷色彩模式。C代表青色、M代表洋红、Y代表黄色、K代表黑色。CMYK色彩模式则是一种减色模式。

1.2.3 文件格式

由于CorelDRAW X6是功能非常强大的矢量图软件，因此它支持的文件格式也非常多。了解各种文件格式，对进行图像编辑、保存以及文件转换有很大的帮助。下面来介绍平面设计软件中常用的几种图形图像文件格式。

①CorelDRAW（CDR）：CDR格式是CorelDRAW专用的矢量图格式，它将图片按照数学方式来计算，以矩形、线、文本、弧形和椭圆等形式表现出来，并以逐点的形式映射到页面上。因此，在缩小或放大矢量图形时，原始数据不会发生变化。

②Adobe ILLustrator（AI）：AI格式是一种矢量图格式，在Illustrator中经常用到。在Photoshop中可以将保存了路径的图像文件输出为"*.ai"格式，然后在Illustrator和CorelDRAW中直接打开它并进行修改处理。

③BMP格式：此格式是微软公司软件的专用格式，也是最常用的位图格式之一，支持RGB、索引颜色、灰度和位图颜色模式的图像，但不支持Alpha通道。

④EPS格式：此格式是一种跨平台的通用格式，可以说，几乎所有的图形图像和页面排版软件都支持该文件格式。

⑤GIF格式：此格式是由CompuServe公司制订的，能存储背景透明化的图像格式，但只能处理256种色彩。常用于网络传输，其传输速度要比传输其他格式的文件快很多，并且可以将多张图像存成一个文件而形成动画效果。

⑥PNG格式：此格式是Adobe公司针对网络图像开发的文件格式。这种格式可以使用无损压缩方式压缩图像文件，并利用Alpha通道制作透明背景，是功能非常强大的网络文件格式，但较早版本的Web浏览器可能不支持。

⑦JPEG（JPG）：JPEG格式是较常用的图像格式，支持真彩色、CMYK、RGB和灰度颜色模式，但不支持Alpha通道。JPEG格式也是目前网络可以支持的图像文件格式之一。

⑧PSD：PSD格式是Photoshop的专用格式。它能保存图像数据的每一个细节，包括图像的层、通道等信息，确保各层之间相互独立，便于以后进行修改。PSD格式还可以保存为RGB或CMYK等颜色模式的文件，但唯一的缺点是保存的文件比较大。

⑨PDF：PDF格式的文件能够保持原始文件的字体、图像、图形及格式。在CorelDRAW X6中，用户可以打开或导入PDF文件。导入PDF文件时，此文件会作为组合对象导入，而且可以放在当前文档内的任意位置。

认识CoreIDRAW X6
工作界面

单击"开始"→"程序"→"Core1DRAW Graphics Suite X6"→"Core1DRAW X6"命令，启动CoreIDRAW X6软件。当启动Core1DRAW X6后，将看到它的欢迎屏幕（图1-3）。

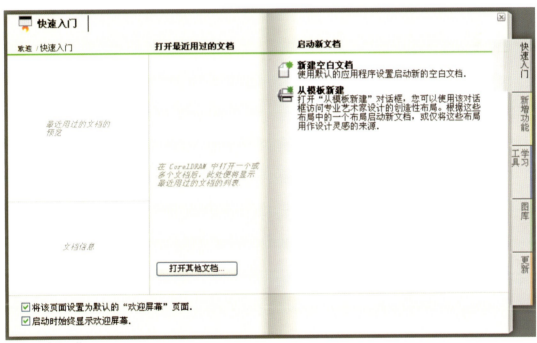

图1-3 欢迎屏幕

欢迎屏幕其实是Core1DRAW X6功能的总集合，在该界面中可以进行多项操作，如新建空白文档、打开最近使用过的文档、打开其他文档、从模板新建等。还可以通过单击右侧的标签，切换不同的界面效果，如新增功能、学习工具、图库、更新。在界面的下方有一个复选框"启动时始终显示欢迎屏幕"，如果取消该选项，下次启动时将不再显示欢迎屏幕；如果勾选"将该页面设置为默认的'欢迎屏幕'页面"复选框，则默认情况下将打开这个欢迎屏幕页面。

在欢迎屏幕中，可以通过单击相应的按钮，来新建或打开相应的文档，如单击"新建空白文档"按钮，将新建一个文档并打开CorelDRAW X6的工作界面（图1-4）。

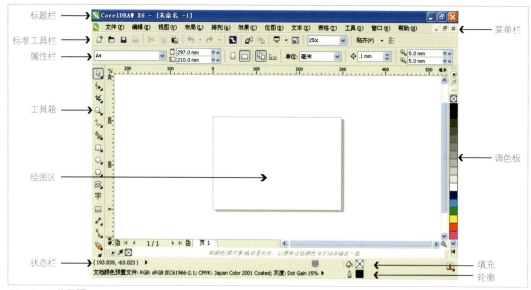

图1-4　工作界面

CorelDRAW X6的工作界面主要由标题栏、菜单栏、标准工具栏、工具箱、绘图区、属性栏、状态栏和调色板等组成。

1.2.1　菜单栏

在CorelDRAW X6中共有12个菜单项，它们分别是文件、编辑、视图、布局、排列、效果、位图、文本、表格、工具、窗口和帮助。通过菜单栏，可以对图形进行大多数的编辑操作。

①"文件"　管理着与文件相关的基本设置、文件信息等操作。包括文件的导入和导出、文件的存储和关闭、文件的打印设置以及最近使用文件和文档属性的查看等操作。

②"编辑"　控制图像部分属性和基本编辑。包括撤销与重做、复制粘贴图像、控制图像的轮廓和颜色、查找或替换指定对象、插入对象等操作。

③"视图"　控制工作界面中部分版面的视图显示，如辅助线、网格、标尺等。

④"布局"　管理文件的页面，包括插入页面、重命名页面、切换页面方向、页面背景及页面基本设置等。

⑤"排列"　排列组织对象，可同时控制一个或多个对象。包括变换对象、对齐和分布对象、排列对象顺序、群组或拆分对象等操作。

⑥"效果"　为对象添加特殊的效果，如艺术笔、轮廓图、立体化等。

⑦"位图"　编辑位图图像，在将矢量图像转换为位图之后，方可应用该菜单中的大部分命令，如编辑位图、描摹位图和各种滤镜。

⑧"文本"　排版编辑文本，并可结合图形对象制作出形态丰富的文本效果。

⑨"表格"　绘制并编辑表格，也可在表格和文本间相互转换。

⑩"工具"　设置软件基本功能和管理对象颜色图层等。

⑪"窗口"　管理工作界面的显示内容，包括设置调色板、泊坞窗、工具栏以及工作窗口的显示状态。

⑫"帮助"　针对用户的某些疑问集合了一些帮助功能，用户可在网上得到帮助，也可了解关于CorelDRAW X6的信息。

1.2.2 标准工具栏

CorelDRAW X6 标准工具栏位于菜单栏的下方，它是由一些小图标按钮组成的，它们是一些最常用的工具。单击这些小图标后将执行相应的菜单命令。用鼠标指着图标，不要单击，稍等片刻就会出现该图标的名称。通过该工具栏可以新建、打开和保存文档，还可以进行打印、复制、粘贴、撤销、重做等操作。

1.2.3 工具箱

在 CorelDRAW X6 的绘图过程中，接触最多的就是工具箱了。这里几乎集成了 CorelDRAW X6 所有的绘图和编辑工具，工具箱展开图（图 1-5）所示为工具箱中的工具及隐藏工具的展开图，在右下角带有小三角的工具按钮代表其中有其他工具按钮。

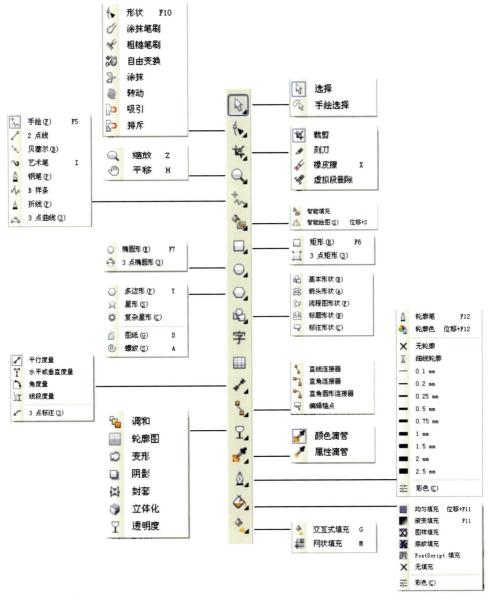

图 1-5 工具箱展开图

1.2.4　属性栏

　　属性栏显示的是CorelDRAW X6中的图形对象的属性。在CorelDRAW X6的属性栏具有智能的特点，它可以根据用户当前选择的工具来显示属性栏上的内容，以扩展当前工具的其他属性设置。

1.2.5　状态栏

　　在CorelDRAW X6中，状态栏位于绘图工作区的下方，它用来显示当前的某些系统信息。

1.2.6　调色板

　　调色板位于工作区右侧。如果用鼠标拖动它的标题栏到工作区，将看到调色板窗口。如图1-6所示，从中可以选择填充或是轮廓的颜色。调色板还有其他几种模式，执行菜单中的"窗口"→"调色板"下面的子菜单命令，可以打开其他的调色板（图1-7）。

图1-6　调色板

提示

调色板中颜色色块有很多，而在工作区右侧区域中可以看见的部分只是其中的一列，如果想看到更多的颜色块，可以单击调色板下方的 ◀ 按钮，将调色板展开，以显示全部的内容。

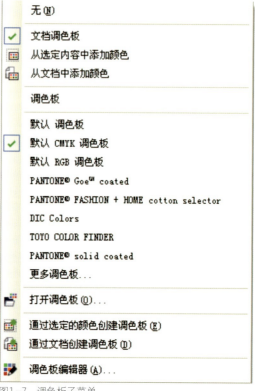

图1-7　调色板子菜单

CorelDRAW X6 文件的基本操作

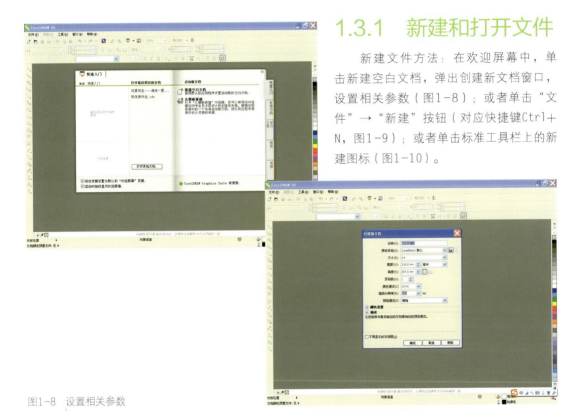

图1-8 设置相关参数

1.3.1 新建和打开文件

新建文件方法：在欢迎屏幕中，单击新建空白文档，弹出创建新文档窗口，设置相关参数（图1-8）；或者单击"文件"→"新建"按钮（对应快捷键Ctrl+N，图1-9）；或者单击标准工具栏上的新建图标（图1-10）。

图1-9 单击"文件"→"新建"按钮新建

图1-10 单击"新建图标"新建

打开文件方法：在欢迎屏幕中，打开其他文档；或者单击"文件"→"打开"；
"文件"→"打开最近用过的文件"按钮（对应快捷键Ctrl+O，图1-11）；或者单击
标准工具栏上的"打开"图标（图1-12）。

图1-11 单击"文件"→"打开"按钮打开

图1-12 单击"打开"图标打开

1.3.2 保存和关闭文件

保存文件方法：单击"文件"→"保存"；"文件"→"另存为"按钮（对应快捷
键Ctrl+S，图1-13）；或者单击标准工具栏上的"保存"图标（图1-14）。

关闭文件方法：单击"文件"→"关闭"；"文件"→"全部关闭"按钮（图
1-15）；或者单击菜单栏上的"关闭"图标（图1-16）。

图1-13 单击"文件"→"另存为"按钮保存

图1-14 单击"保存"图标保存

图1-15 单击"文件"→"关闭"按钮关闭

图1-16 单击"关闭"图标关闭

1.3.3　导入和导出文件

　　导入文件方法：在CorelDRAW X6中，对于除CDR格式以外的图像，例如，打开一个JPEG需要执行"文件"→"导入"命令（对应快捷键Ctrl+I），在弹出的对话框中选择需要导入的文件并单击"导入"按钮，此时光标转换为导入光标。单击左键可直接将位图以原大小状态放置在该区域，通过拖动鼠标设置图像大小，最后将图像放在指定位置（图1-17）。

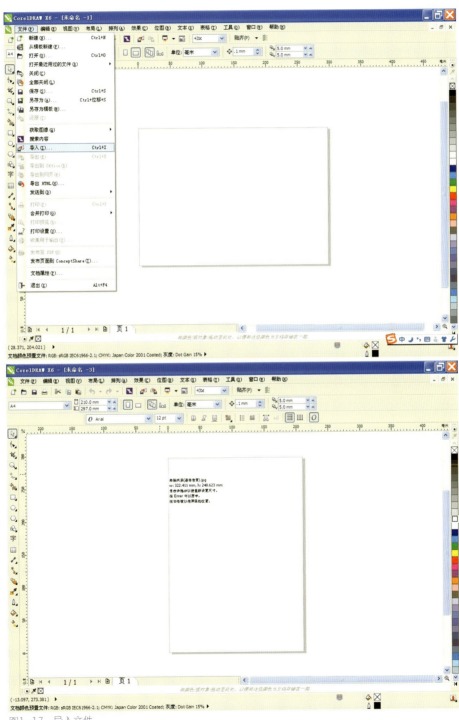

图1-17　导入文件

　　导出文件方法：在CorelDRAW X6中，对于除CDR格式以外的图像的保存，可以执行"文件"→"导出"命令（对应快捷键Ctrl+E），在弹出的对话框中选择图像存储的位置并设置文件的保存类型，如JPG、PDF等格式。完成设置后，单击"导出"按钮，弹出设置图像相关属性的对话框进行相关设置（图1-18），完成后单击"确定"按钮即可。

图1-18　导出文件

1.3.4　页面设置

图1-19　"页面设置"命令

　　执行"布局"→"页面设置"命令，在弹出的对话框中可设置页面尺寸、分辨率、出血状态等属性（图1-19）；还可在该对话框中"布局"面板中对页面的布局进行设置；还可在该对话框中"背景"面板中对页面背景进行设置；还可以在"辅助线""网格""标尺"等面板中进行相应的设置。

　　执行"布局"→"插入页面"命令（图1-20）。

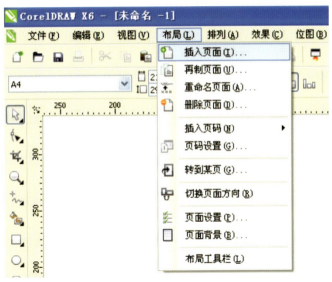

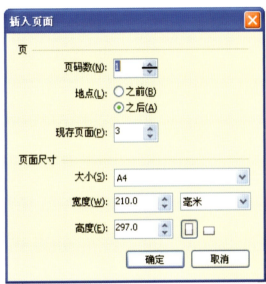

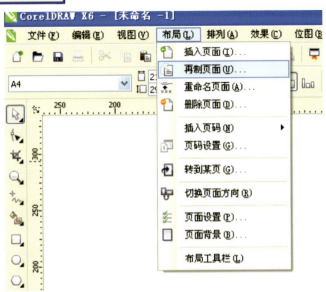

图1-20 "插入页面"命令

1.3.5 查看视图

在CorelDRAW X6中有多种视图模式，用户可根据个人习惯或要求进行调整。

（1）图像显示模式

执行"视图"菜单下的显示模式有"简单线框""线框""草稿""正常""增强""像素"六种（图1-21至图1-27）。

图1-21 原图

图1-22 "简单线框"显示模式

图1-23 "线框"显示模式

图1-24 "草稿"显示模式

图1-25 "正常"显示模式

图1-26 "增强"显示模式

图1-27 "像素"显示模式

（2）文件预览显示

CorelDRAW X6中的预览显示分为全屏预览、分页预览和指定对象的预览显示效果。

①全屏预览。全屏可将对象的整体画面最大化，更好地预览画面整体效果（图1-28）。其方法是：执行"视图"→"全屏预览"命令，或者使用快捷键F9切换至全屏预览显示模式；再次按下Esc键或者快捷键F9或者单击屏幕可以切换到正常状态。

②分页预览。分页预览可同时预览一个文档中的多个页面。其方法是：执行"视图"→"页面排序器视图"命令（图1-29），可切换至分页预览状态（图1-30）。

图1-28　全屏预览

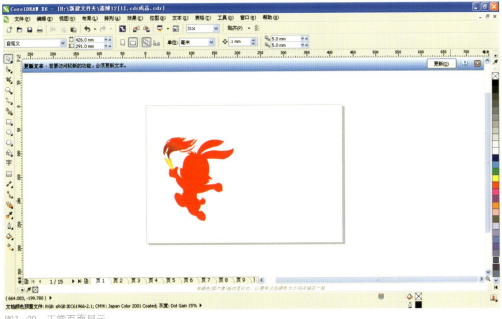

图1-29　正常页面显示

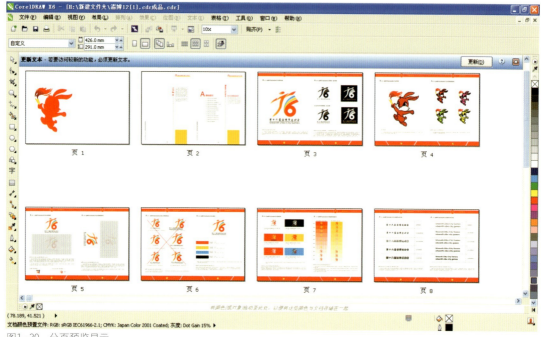

图1-30　分页预览显示

③指定对象的预览。在画面中选择一个或多个对象（图1-31），
然后执行"视图"→"只预览选定的对象"命令，即可单独预览所选
中的对象（图1-32）。

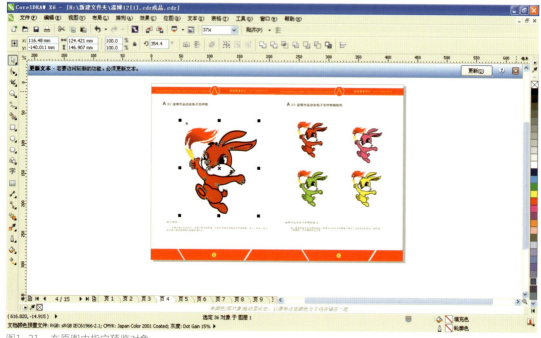

图1-31　在原图中指定预览对象

图1-32　预览效果

④文档窗口显示模式。文档窗口显示模式即为窗口的最大化、还原和窗口的最小化。其方法是单击文档窗口右上角的最大化或最小化按钮，可调整文档窗口的显示模式（图1-33、图1-34）。

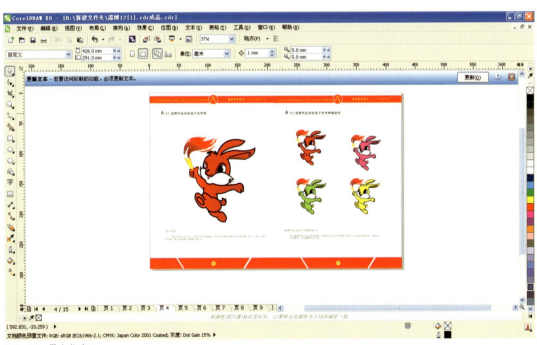

图1-33　最大化窗口

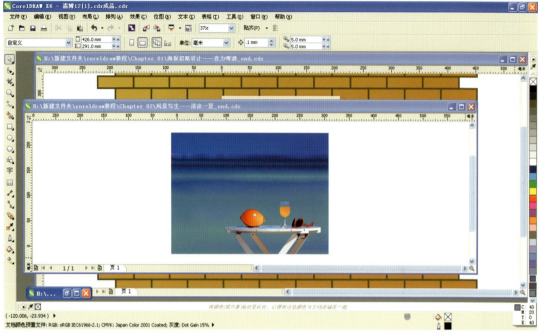

图1-34　最小化窗口和叠放窗口

1.3.6　打印输出

CorelDRAW X6中的"打印"命令，可用于设置打印的常规、颜色和版面布局等选项。

执行"文件"→"打印"命令，会弹出打印对话框（图1-35）。该对话框包括"常规""颜色""复合""布局""预印"选项卡以及一个用于检查有无问题的选项卡。

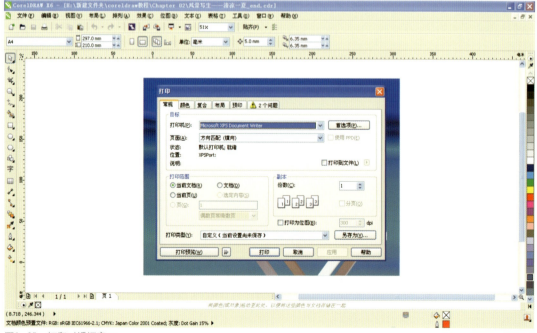

图1-35　打印对话框窗口

在打印对话框中，常规选项卡可以设置打印范围和打印份数，完成后单击"打印"按钮即可。

在打印对话框中，颜色选项卡（图1-36）可以设置复合打印和分色打印，如果选择"分色打印"选项，可看见打印图像的预览效果已经改变。

在打印对话框中的分色选项卡（图1-37）中取消勾选对应颜色模式中的颜色通道，将减去图像中该颜色通道的信息，从而在输出的图像中表现为不同的颜色效果。

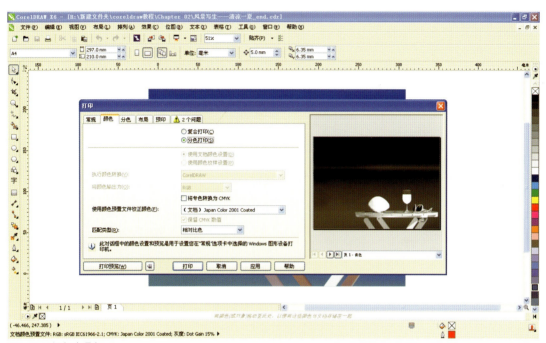

图1-36　颜色选项卡

图1-37　分色选项卡

在打印对话框中，布局选项卡（图1-38）可以调整图像位置和大小，"将图像重定位到"选项可以调整图像的打印区域，并会裁剪掉不需要的区域。

在打印对话框中，预印选项卡可以对文档的纸片/胶片设置、文件信息、裁剪/折叠标记等进行设置。反显，可反向显示图像效果；镜像，可水平镜像显示图像效果。

在打印对话框中，问题选项卡用于检查该文档输出时有无问题。

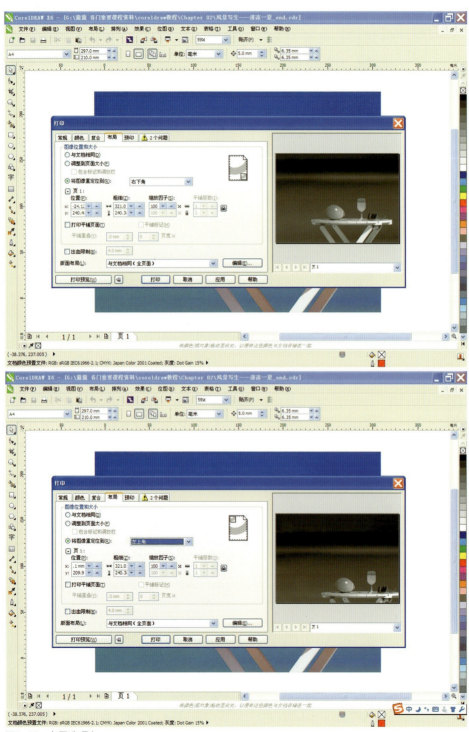

图1-38　布局选项卡

绘制基本图形

学习重点

掌握绘制直线、曲线、椭圆形、矩形、多边形、星形等图形的多种基本绘图工具操作的技巧。

掌握绘制网格线、绘制螺旋形、智能绘图工具操作的技巧。

掌握绘制曲线、贝塞尔工具操作的技巧。

学会使用艺术笔工具、钢笔工具操作的技巧。

在CorelDRAW X6中提供了绘制直线、曲线、椭圆形、矩形、多边形、星形等图形的多种基本绘图工具，这些工具可以用于平面广告设计、图形设计、文字设计、包装设计及其他领域中图案的绘制。下面主要介绍这些工具的具体使用方法和操作技巧。

2.1 绘制几何图形

在CorelDRAW X6中，绘制几何图形的工具包括矩形工具、3点矩形工具、多边形工具、星形工具、复杂星形工具、椭圆工具、3点椭圆工具、螺旋形工具、图纸工具和基本形状工具。有了这些工具，我们可以轻松地绘制出多种几何图形。

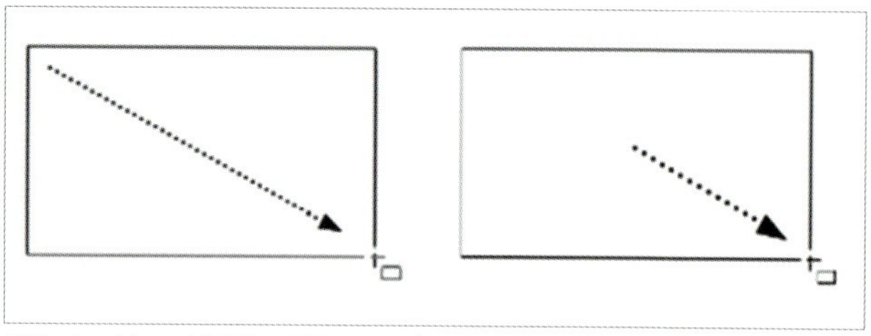

图2-1　使用“矩形工具”以两个不同起点绘制矩形

2.1.1　绘制矩形

步骤1　使用工具箱中的“矩形工具”（快捷键为F6），在页面中选定位置后从左上角向右下角拖曳，释放鼠标后即绘制出一矩形。如果在拖曳鼠标的同时按住Shift键，则可以起点为中心绘制矩形（图2-1）。

步骤2　使用工具箱中的“3点矩形工具”，在选定位置单击并拖动，释放鼠标按钮，确定矩形的一条边。移动鼠标并再次单击，确定矩形的另一个角点（图2-2）。

图2-2　使用“3点矩形工具”绘制斜向矩形

提示

如果双击“矩形工具”图标，可以根据绘图页面的大小自动生成一个矩形。

如果在绘制矩形时按住Ctrl键，可绘制正方形；若同时按住Ctrl键和Shift键，则可以以起点为中心绘制正方形。

在绘制好的矩形上单击鼠标可选中矩形，这时在绘图窗口上方的属性栏中将显示绘制的图形的各种属性（图2-3）。

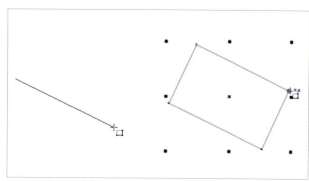

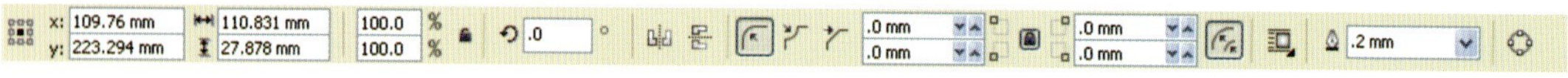

图2-3　显示图形的属性

通过在属性栏中进行设置，可以绘制出各种形状的圆角矩形，甚至可以绘制圆形。

“对象的位置” x: 109.76 mm y: 223.294 mm ：“x”“y”文本框中的数值是选中矩形中心点的横、纵坐标。要调整对象的位置，可以重新在文本框中输入数值。

"对象的大小" [图标] 110.831 mm 27.878 mm ：在 [图标] 和 [图标] 对应的文本框中可以设定绘制图形的宽度和高度值。

"缩放因子" [图标] 100.0 % 100.0 % ：在宽度和高度文本框后面的文本框中输入数值，可以设定图形的宽度和高度的缩放因子。例如，在宽度文本框后的文本框中设置缩放因子为200%后，图形宽度将变成原图的两倍。如果单击 [图标] "不按比例缩放"按钮，可以单独调整其比例。如果再次单击 [图标] "按比例缩放"按钮，可以将对象等比例缩放。

"水平镜像" [图标] 和"垂直镜像" [图标] ：单击这两个按钮，可以使图形水平镜像或垂直镜像（图2-4）。

"边角圆滑度" [图标] 10.0 mm 10.0 mm [图标] 10.0 mm 10.0 mm ：在4个文本框中分别输入数值，可以设置矩形4个角的圆角度数，设置不同的圆角数值的图形状态。单击"全部圆角" [图标] 按钮后，改变文本框中的任意一个数值，其他3个数值会一起改变，此时绘制的矩形4个角的圆角效果相同（图2-5）。

"倒角的形式" [图标] ：3个图形分别为圆角、扇形角、倒棱角的图形状态（图2-6）。它通常与 [图标] 10.0 mm 10.0 mm [图标] 10.0 mm 10.0 mm 结合在一起使用。

"轮廓宽度" [图标] 细线 ：可以在下拉列表框中选择一个数值定义绘制图形的轮廓线宽度。

"相对的角缩放" [图标] ：按相对于矩形大小来缩放角大小。

"文本换行" [图标] ：在绘图页面中既有图形又有文本时，为了防止图形和文本产生覆盖现象，可以单击该按钮，然后在弹出的面板中进行设置（图2-7）。

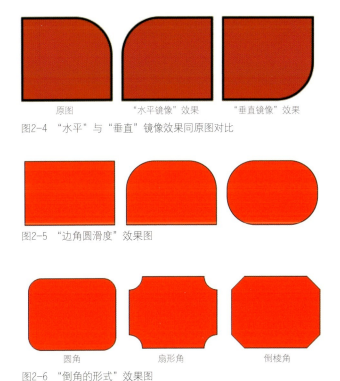

图2-4 "水平"与"垂直"镜像效果同原图对比

（原图　"水平镜像"效果　"垂直镜像"效果）

图2-5 "边角圆滑度"效果图

图2-6 "倒角的形式"效果图
（圆角　扇形角　倒棱角）

图2-7 "文本换行"面板

"文本换行"弹出面板中的选项介绍如下。

"无"选择该选项，段落文本不会因图形的存在而换行。如果文本已经进行了换行操作，选择该选项可以将换行状态撤销。

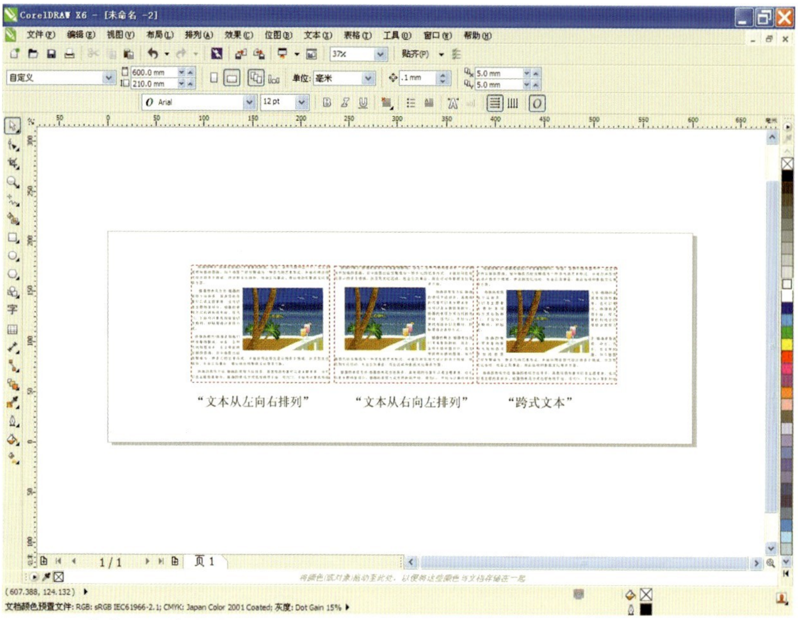

图2-8 "轮廓图"效果图

"轮廓图"该选项区中包括3个选项，可以分别设定段落文本绕图时文字的排列方式。选择"文本从左向右"选项，段落文本会沿图形的左侧轮廓绕排；选择"文本从右向左排"选项，段落文本会沿图形的右侧轮廓绕排；选择"跨式文本"选项，段落文本会沿图形的左右两边轮廓排列（图2-8）。

"方角"与"轮廓图"选项区中的设置一样，以不同的文本流向进行文本绕图排列，不同的是，它会以直角方式绕排。

"文本换行偏移"通过在文本框中输入数值，设定图形与绕排的文本之间的距离。

"转换为曲线" ◎ 单击该按钮，可以将绘制的矩形转换为曲线性质的图形，再通过设置曲线的属性对其进行编辑。

2.1.2　绘制椭圆形和圆形

步骤1　使用工具箱中的"椭圆形工具" ○ （快捷键为F7），将光标移到页面适当位置，按下鼠标左键并拖动，即可绘制出任意比例的椭圆（图2-9）。

步骤2　使用工具箱中的"3点椭圆形工具" ⊕ ，在页面选定位置单击并拖动，确定椭圆圆心和一个半轴。继续移动光标并单击，确定椭圆的另一个半轴（图2-10）。

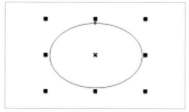

图2-9　使用"椭圆形工具"绘制椭圆

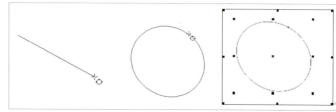

图2-10　使用"3点椭圆形工具"绘制倾斜椭圆

提示

绘制椭圆时，如按住Shift键，可从中心向外绘制椭圆；如按住Ctrl键，可绘制正圆；如同时按住Shift键和Ctrl键，可从中心向外绘制正圆。

在使用椭圆工具时，绘图窗口上方的属性栏将显示绘制图形的各种属性（图2-11），其中部分属性设置和矩形工具相同，这里不再赘述。通过在属性栏中进行设置，不但可以绘制椭圆形和圆形，还可以绘制弧形和饼形。

图2-11 显示图形的属性

"椭圆" ○ 单击该按钮，可以在页面中绘制椭圆形。

"饼形" ○ 单击该按钮，可以将椭圆形转换为饼形。

"弧形" ○ 单击该按钮，可以将椭圆形转换为弧形。

绘制的3种效果（图2-12）。

"起始和结束角度" ○ 在文本框中输入数值，可以精确地定义饼形和弧形的起始角和结束角的角度。

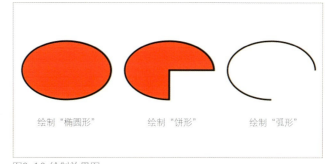

绘制"椭圆形"　　绘制"饼形"　　绘制"弧形"

图2-12 绘制效果图

2.1.3 绘制多边形和星形

（1）绘制多边形

步骤1　使用工具箱中的"多边形工具" ○（或按下快捷键Y），在页面适当位置单击并拖动，即可绘制出一个多边形（图2-13）；由于多边形的每个节点都与它对应的所有节点相关联，所以多边形可保持其对称性。若用形状工具移动其中某个节点，它就会变化出无数的多边形图形（图2-14）。

步骤2　选中绘制的多边形后，还可利用属性栏改变多边形的边数（其取值范围为3~500）和线条类型等属性（图2-15）。

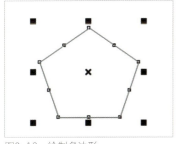

图2-13 绘制多边形

图2-14 绘制多边形

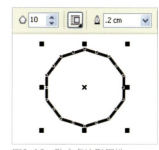

图2-15 改变多边形属性

提示

按住Shift键，可从中心向外绘制多边；如按住Ctrl键，可绘制正多边形；如同时按住Shift键和Ctrl键，可从中心向外绘制正多边形。

"星形工具"[图]用于绘制星形对象。单击"多边形工具"[图]并按住鼠标左键不放，在展开的工具列表中选择"星形工具"[图]，通过"星形工具"的属性栏可以设置星形或交叉星形的星角数（图2-16）。

在属性栏中的"星形及复杂星形的多边形点或边数"数值框中指定星形的角数，就可以绘制出指定角数的星形（图2-17）。

图2-16　星形图的各种属性

通过设置属性栏中的星形尖角的数值[图]，可以改变星形或者复杂星形星角的锐度。

"复杂星形工具"[图]用于绘制交叉星形，绘制方法与绘制星形的方法相同。通过复杂星形工具的属性栏可以设置复杂星形的边数和星角的锐度（图2-18）。

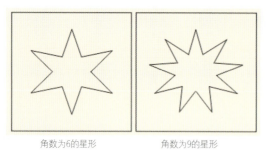

角数为6的星形　　　角数为9的星形

图2-17　指定角数的星形例图

在属性栏中的"星形及复杂星形的多边形点或边数"数值框中指定星形的角数，就可以绘制出指定星角数的复杂星形，设置不同角数的效果。通过设置属性栏中的"星形及复杂星形尖角"的数值，可以改变复杂星形星角的锐度（图2-19）。

图2-18　星形角数数值框示意图

角数为9的复杂星形

角数为12的复杂星形

图2-19　设置复杂星形星角的锐度

（2）绘制普通星形

步骤1　使用工具箱中的"星形工具"[图]，在页面中点击并拖动鼠标，即可绘制出一个星形（图2-20）。

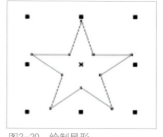

图2-20　绘制星形

步骤2　选中绘制的星形后，可利用属性栏改变星形的边数、尖角角度和线条粗细等属性（图2-21）。

图2-21　更改星形属性

（3）绘制复杂星形

步骤1 　使用工具箱中的"复杂星形工具" ⚙ ，在页面中单击并拖动鼠标，即可绘制出一个星形（图2-22）。

步骤2 　修改属性栏中的相关参数，可以对星形作更多的改变（图2-23）。

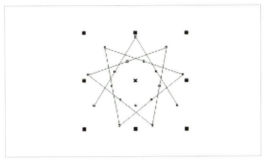

图2-22　绘制复杂星形

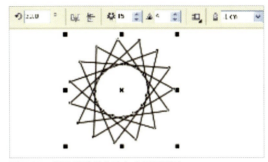

图2-23　利用属性栏修改复杂星形形状

提示

用"形状工具"移动其中某个节点，它就会变化出无数的不同的星形。（图2-24）

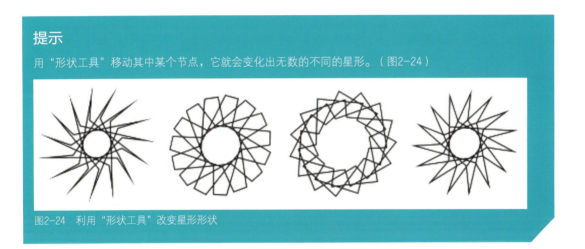

图2-24　利用"形状工具"改变星形形状

2.1.4　绘制网格纸

在"多边形工具" ⬡ 的展开工具列表中选择"图纸工具" ▦ ，可以绘制网格状图形。在绘制时按住Ctrl键，可以绘制正网格状图形；按住Shift键，将以起点为中心绘制网格状图形；同时按住Ctrl键和Shift键，将以起点为中心绘制正网格状图形。使用图纸工具时，绘图窗口上方的属性栏中将显示绘制的图形的各种属性（图2-25）。

图2-25　显示图形的各种属性

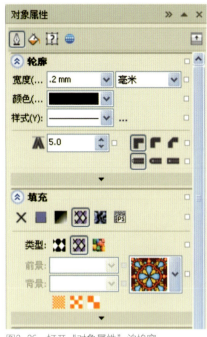

图2-26 打开"对象属性"泊坞窗

在"数值框"中设置网格纸的列数和行数，然后在页面中单击鼠标左键拖曳即可绘制出网格纸。在绘制好的网格纸上右击鼠标，在弹出的菜单中选择"属性管理器"命令，可打开"对象属性"泊坞窗（图2-26）。在该泊坞窗中可以设置网格纸的轮廓、填充颜色、底纹等属性（图2-27）。

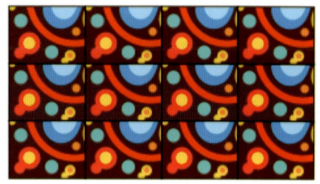

图2-27 设置网格纸效果图

2.1.5 绘制螺旋形

单击"多边形工具" 并按住鼠标左键不放，在展开的工具列表中选择"螺旋形工具" （快捷键为A），可以在页面中绘制螺旋形。绘制时按住Ctrl键，可以绘制正螺旋形；按住Shift键，将以起点为中心绘制螺旋形；同时按住Ctrl键和Shift键，将从中心处向左右或上下延伸绘制正螺旋形。使用螺旋形工具时，绘图窗口上方的属性栏将显示绘制的图形的各种属性（图2-28）。

以上螺旋形属性栏中依次为螺纹回圈、对称式螺纹、对数式螺纹、螺纹扩展参数。

"螺纹回圈"：在该框中输入数值，或单击文本框右侧的微调按钮，可以设置绘制螺旋线的圈数。

"对称式螺纹"：单击该按钮，可以在页面中绘制每一圈距离都相等的对称式螺纹。

"对数式螺纹"：单击该按钮，可以在页面中绘制每一圈距离逐渐扩散开的螺纹。

"螺纹扩展参数"：只有在单击该按钮时，该选项才能被激活。可以拖动滑块或在文本框中直接输入数值来设置对数式螺纹的渐开程度。

图2-28 显示图形的各种属性

2.1.6 智能绘图工具

在工具箱中单击"智能绘图工具" 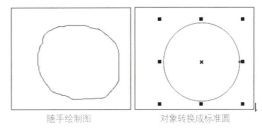，可以随意地绘制图形，并将其转换为基本形状，例如，绘制线条或者各种不同外观形状的对象，均会转换成为完美形状（图2-29）。

在智能绘图工具属性栏中进行适当的设置，可以保证用户绘制出所需要的图形。属性栏中包括"形状识别等级""智能平滑等级"和"轮廓宽度"3个选项，每个选项都可以独立设置。（图2-30）

随手绘制图　　　　　　对象转换成标准圆

图2-29　转化完美形状示意图

双击工具箱中的"智能绘图工具" 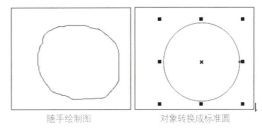，在弹出的"选项"对话框的"智能绘图工具"选项面板中可设置形状识别的"绘图协助延迟"时间，最短延迟为0 s，最长延迟为2 s（图2-31）。

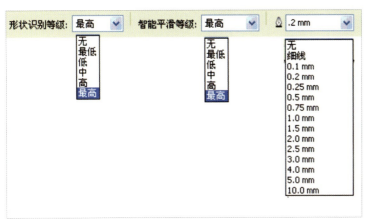

图2-30　属性栏选项

图2-31　设置绘图协助延迟时间

2.2

绘制曲线

曲线是绘制图形时必不可少的元素之一。CorelDRAW X6提供了一套强大的绘制曲线的工具，包括"手绘工具" 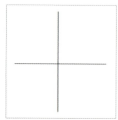、"贝塞尔工具"、"艺术笔工具"、"钢笔工具"、"折线工具"和"3点曲线工具"等。

2.2.1 使用手绘工具

（1）使用"手绘工具"绘制线条

"手绘工具"用于绘制比较随意的线条，可以绘制直线、曲线和任意形状的图形，就好像用铅笔进行绘图一样。

（2）操作步骤

①直线的绘制:

步骤1 按下F5快捷键选择工具箱中的"手绘工具"，鼠标的光标以十字形显示。

步骤2 使用"手绘工具"，在起始位置上单击鼠标左键，移动鼠标在需要的位置上再次单击鼠标左键即可得到直线（图2-32）。

步骤3 如要绘制闭合的图形，可在绘制完第二个节点后双击释放鼠标，并继续绘制第三、第四个节点，要闭合图形，只需将最后一个节点在第一个节点上单击鼠标左键即可（图2-33）。

②简单曲线的绘制:

使用"手绘工具"，在起始位置单击鼠标左键，然后按住鼠标左键拖动，绘制任意曲线（图2-34）。

图2-32 绘制直线图形

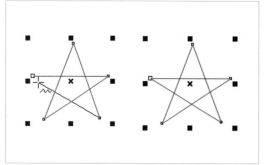

图2-33 绘制闭合图形

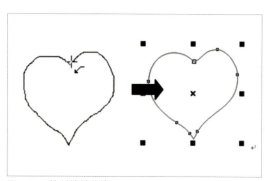

图2-34 绘制简单曲线

2.2.2　使用贝塞尔工具

使用"贝塞尔工具" 可以绘制直线、折线、光滑的曲线和不规则的图形等。

（1）使用"贝塞尔工具"绘制曲线

"贝塞尔工具" 可以比较精确地用于绘制直线和圆滑的曲线。

"贝塞尔曲线"是一种按节点依次绘制的曲线，其形状可在绘制节点时，边画边拖动节点调整手柄来控制曲线的曲率。

（2）操作步骤

步骤1　使用工具箱中的"贝塞尔工具"，在起始位置上单击鼠标左键并按住鼠标左键不动，然后拖动鼠标则该节点两边出现两个控制点（图2-35）。

步骤2　移动鼠标到下一节点处单击，两个节点会生成一条曲线（图2-36）。

步骤3　在第二个节点上单击鼠标，并拖动鼠标，第二个节点的两端会出现两个控制点（图2-37）。

步骤4　在第二个节点上单击鼠标不放，并拖动鼠标调节控制点连线的长度和角度，曲线的外观也会随着发生改变（图2-38）。

图2-35　节点控制点

图2-36　两个节点生成曲线

图2-37　拖动控制点

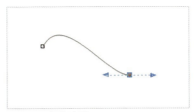
图2-38　调节连线

提示

"贝塞尔工具"是通过定位节点的位置和调整控制手柄的方向来绘制曲线，如果再次单击已绘制好的曲线的终点，即可在其基础上继续进行绘制。

在工具箱中单击并按住"手绘工具" 不放，在展开的工具列表中选择"贝塞尔工具" ，单击确定起始点后拖曳鼠标，该节点两边将出现控制手柄和控制线，然后拖动鼠标到相应位置单击并再次拖动鼠标，第二个节点两边也会出现控制手柄和控制线，控制手柄和控制线会随着鼠标的移动而变化，两个节点之间的曲线也会随之发生变化（图2-39）。在绘制过程中，如果按下空格键，将结束绘制。

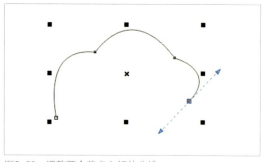

图2-39　调整两个节点之间的曲线

（3）绘制直线和折线

在工具箱中用鼠标单击并按住"手绘工具" 不放，在展开的工具列表中选择"贝塞尔工具" ，单击确定一个起始点，拖动鼠标到相应的位置再次单击即可绘制一条直线。如果继续在其他位置单击鼠标可以绘制出折线（图2-40）。在绘制过程中，如果按下空格键，将结束绘制。

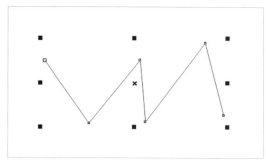

图2-40　绘制直线和折线

2.2.3　使用艺术笔工具

使用艺术笔工具可以绘制出各种各样精美的线条和图形，它可以模拟毛笔、书法笔、画笔等特殊效果，可以创作出变化万千的作品。艺术笔工具包括5种模式："预设" 模式、"笔刷" 模式、"喷涂" 模式、"书法" 模式和"压力" 模式。

"预设"模式：提供了多种线条类型供用户选择，并且可以通过笔触宽度数值改变曲线的宽度（图2-41）。

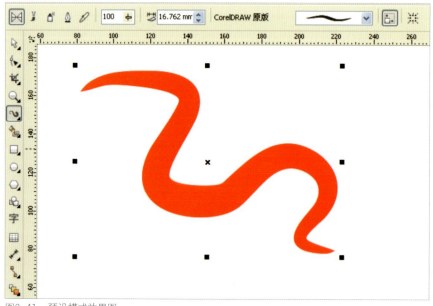

　图2-41　预设模式效果图

　　"笔刷"模式：提供了多种颜色的笔触类型，可以运用到绘制的曲线上，并且可以调节笔触的宽度（图2-42）。

　　"喷涂"模式：可以根据用户的需要，在"类别"和"喷射图样"下拉列表中选择合适的形状（图2-43）。

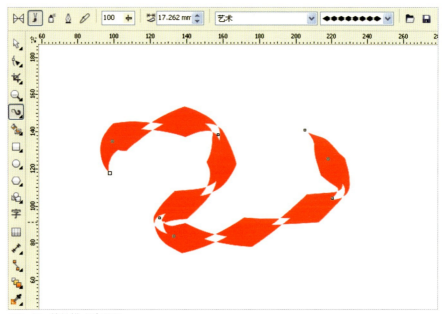

图2-42　笔触模式效果图

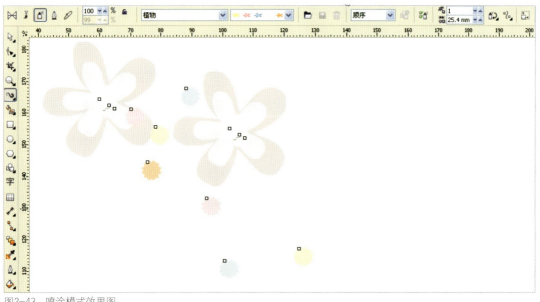

图2-43　喷涂模式效果图

　　"书法"模式：可以绘制出类似书法笔的效果，在工具属性栏中设置"笔触"和"笔尖"的角度以绘制图形（图2-44）。

　　"压力"模式：可以用压力感应笔或使用键盘输入的方式改变线条的粗细，只要设置好压力感应笔的平滑度和画笔的宽度（图2-45）。

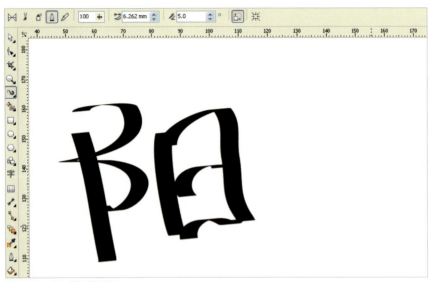

图2-44　书法模式效果图

图2-45　压力模式效果图

2.2.4　使用钢笔工具

　　在钢笔工具属性栏中可以设置钢笔的各项属性（图2-46）。使用钢笔工具绘制不闭合的图形时，按住键盘上的Ctrl键单击或双击鼠标即可结束绘制。

　图2-46　设置钢笔工具的属性

对象操作和
管理技巧

学习重点

掌握选取、缩放、移动、镜像、旋转、倾斜、复制、删除、恢复的使用技巧。

掌握更改对象顺序操作的技巧。

掌握对齐和分布对象、群组、结合和拆分对象、锁定和解锁对象操作的技巧。

重点掌握为对象重新造型（焊接、修剪、相交、简化、相交对象的前减后和后减前）操作的技巧。

CorelDRAW X6可用轻松实现对对象的基本操作，如选取、缩放、移动、镜像、旋转、倾斜、复制、删除、恢复等。本部分内容主要介绍这些操作的技巧。

提示

复制技巧：利用复制命令复制对象。首先使用"挑选工具" 选中对象，选择菜单栏中的"编辑"→"复制"命令（快捷键为Ctrl+C），然后再选择菜单栏中的"编辑"→"粘贴"命令（快捷键为Ctrl+V），复制的对象就会覆盖在原对象上。

剪切技巧：快捷键为Ctrl+X。

再制技巧：把对象先复制一个，再使用再制快捷键Ctrl+D，可以无限再制。

删除技巧：把对象选中，按删除键Delete。

最直接的是使用"挑选工具" ，在对象上单击即可选中该对象；若要选取多个对象，可以按住Shift键依次在要选取的对象上单击；也可以使用挑选工具按住鼠标左键向任何方向拖曳出一个方框，选取方框内的对象，当画面上有多个对象时，还可以利用Tab键来任意切换目标对象的选取。如果要选取群组对象中的一个对象，按住Ctrl键使用挑选工具单击该对象即可；若要选取重叠对象中后面的对象，按住Alt键单击所需的对象即可。双击挑选工具或按快捷键Ctrl+A，可以同时选中绘图窗口中的所有对象。

排列对象

在编辑任何对象之前，必须将其选中。对象处于选中状态时，周围会出现8个控制手柄，中间会有一个中心标记（图3-1）。

在CorelDRAW X6中对象的排列顺序：先创建的对象在底层，后创建的对象在顶层。如果在操作时要改变对象的堆叠顺序，可以先选中要改变顺序的对象，选择菜单栏中的"排列"→"顺序"命令，然后在其级联菜单中选择一种排序方式，该命令多使用快捷键较方便（图3-2）。

图3-1　选取对象

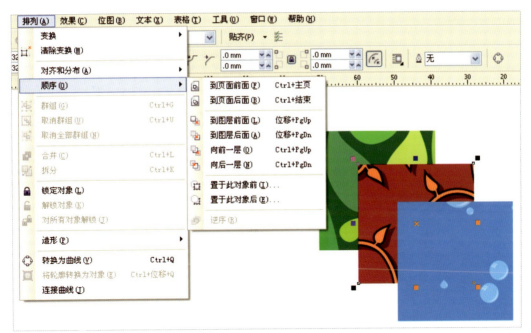

图3-2　更改对象顺序示意图

3.1.1　对象的对齐和分布

（1）对齐对象

使用挑选工具选中多个需要对齐的对象，选择菜单栏中的"排列"→"对齐和分布"命令，可以直接从级联菜单中选择所需的对齐方式（图3-3）。也可以通过执行菜单栏中的"排列"→"对齐和分布"→"对齐和分布"命令（图3-4）。

对话框中的"左对齐""垂直居中对齐""右对齐""顶端对齐""水平居中对齐""底端对齐"（图3-5）。

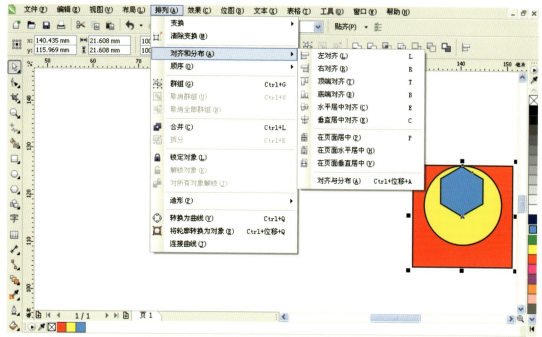

图3-3　对齐方法1

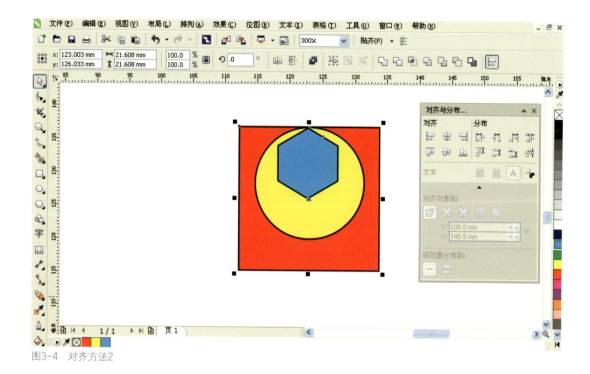

图3-4　对齐方法2

| 原图 | 左对齐 | 垂直居中对齐 | 右对齐 | 顶端对齐 | 水平居中对齐 | 底端对齐 |

　图3-5　各种对齐方式效果图

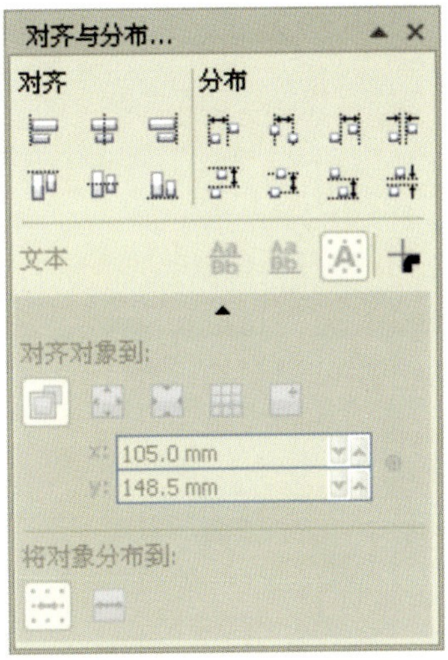

图3-6 "对齐与分布"对话框

（2）分布对象

设置对象的分布可以有效地控制多个对象之间的距离。使用挑选工具同时选中多个对象，选中菜单栏中的"排列"→"对齐与分布"→"对齐与分布"命令，或单击属性栏中的"对齐与分布"按钮，打开"对齐与分布"对话框（图3-6）。

对话框中各图标的含义分别如下。

①左分散排列：从对象的左边缘起以相同间距排列对象。

②水平分散排列中心：从对象的中心起以相同间距水平排列对象。

③右分散排列：从对象的右边缘起以相同间距排列对象。

④水平分散排列间距：在对象之间水平设置相同的间距。

⑤顶部分散排列：从对象的顶边起以相同间距排列对象。

⑥垂直分散排列中心：从对象的中心起以相同间距垂直排列对象。

⑦底部分散排列：从对象的底边起以相同间距排列对象。

⑧垂直分散排列间距：在对象之间垂直设置相同的间距。

3.1.2 群组对象

当对象有多个时，我们可以把多个对象群组成一组对象，便于选取和编辑。使用挑选工具在页面中选中两个以上的对象，选择菜单栏中的"排列"→"群组"命令，或使用群组快捷键Ctrl+G，或者选择菜单栏中的"窗口"→"工具栏"→"属性栏"命令，在属性栏中单击"群组"按钮，都可以将选中对象群组在一起。

群组对象只是将对象简单地组合在一起，其形状和样式等属性不会发生变化。群组后的对象也可以和其他对象再次群组。

如果要取消群组，可以使用挑选工具选中群组对象，选择菜单栏中的"排列"→"取消群组"命令，或使用快捷键Ctrl+U，或者在属性栏中单击"取消群组"按钮。选择菜单栏中的"排列"→"取消全部群组"命令，或者在属性栏中单击"取消全部群组"按钮，这样可使所有的群组对象都成为独立的个体。

群组后的对象会成为一个整体，它们将一起被移动或填充。如果要操作群组对象中的一个对象，可以按住Ctrl键单击选择该对象。

3.1.3　结合和拆分对象

（1）结合对象

结合对象是将多个对象组合在一起，是将图形连接为一个整体，其所有的属性都会发生变化，并且图形与图形之间重叠的部分将透空，它与群组对象的效果对比如图3-7所示。

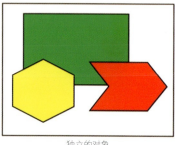
独立的对象

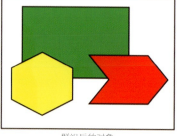
群组后的对象

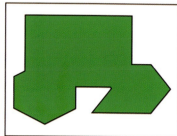
合并后的对象

图3-7　结合对象与群组对象效果对比图

如果要合并对象，可以选择菜单栏中的"排列"→"结合"命令，或者在属性栏中单击"结合"按钮。

如果合并前的对象有不同的颜色填充，则合并后的对象将显示最后选择的对象的颜色；如果同时圈选所有的对象，那么合并后的对象将显示最后面的对象的颜色。

（2）拆分对象

选择菜单栏中的"排列"→"拆分"命令（快捷键为Ctrl+K），或者在属性栏中单击"拆分"按钮，都可以将合并的对象拆分为独立的对象。

3.1.4　锁定和解锁对象

（1）锁定对象

锁定对象主要是为了确保对象不被修改和移动，可以锁定一个对象，也可以同时锁定多个对象。使用挑选工具选中要锁定的一个或多个对象，选择菜单栏中的"排列"→"锁定对象"命令；或者在需要锁定的对象上右击鼠标，在弹出的快捷菜单中选择"锁定对象"命令。此时，对象四周的控制手柄变成锁形，表明该对象处于锁定状态（图3-8）。

锁定后的对象不能再进行选取、移动、变换、填充、复制、粘贴、修改等操作。

（2）解锁对象

要将锁定的对象解除锁定，选择菜单栏中的"排列"→"解锁对象"命令或"排列"→"对所有对象解锁"命令。

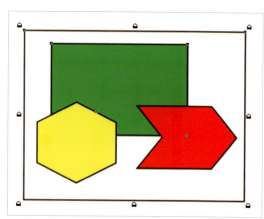

图3-8　锁定对象示意图

为对象重新造型

3.2.1 焊接对象

焊接对象可以将选中的图形对象结合为一个图形对象，新的图形由被焊接的图形相加而成。选择两个或两个以上的图形对象，选择菜单栏中的"排列"→"造型"→"焊接"命令，或单击属性栏中的"焊接"按钮，即可将选中的对象焊接在一起，焊接后的图形填充颜色与最后面的图形颜色相同（图3-9）。

选择菜单栏中的"窗口"→"泊坞窗"→"造型"命令，在打开的"造型"泊坞窗的"造型类型"下拉列表中选择"焊接"选项，单击"焊接到"按钮，在需要焊接的目标对象上单击即可（图3-10）。

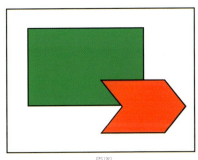
原图

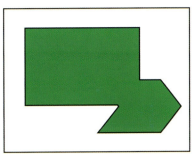
焊接两个图形对象

图3-9 焊接对象效果图

图3-10 焊接"泊坞窗"截图

3.2.2　修剪对象

　　使用修剪命令，可以用一个对象或一组对象作为来源对象，修剪掉与目标对象之间的重叠区域。系统会根据来源对象的形状对目标对象进行修剪。

　　选择需要修剪的来源对象，在"造型"泊坞窗的"造型类型"下拉列表中选择"修剪"选项，单击"修剪"按钮，在需要修剪的目标对象上单击即可（图3-11）。

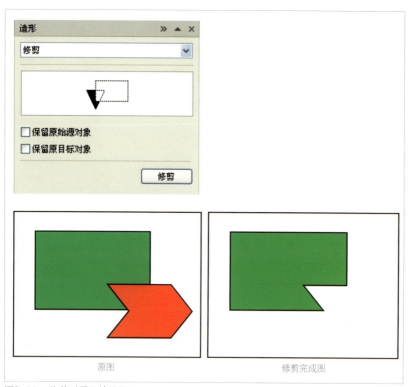

原图　　　　　　　　　　　　修剪完成图

图3-11　修剪过程及效果图

3.2.3　相交对象

　　使用相交命令，可以将两个或两个以上对象之间的重叠区域创建为一个新对象。新对象将与目标对象中的填充和轮廓属性保持一致。

　　选择需要相交的来源对象，在"造型"泊坞窗的"造型类型"下拉列表中选择"相交"选项，单击"相交对象"按钮，在需要相交的目标对象上单击即可（图3-12）。

3.2.4　简化对象

　　两个或两个以上对象重叠放置时，使用"简化"命令可以将选定对象中所有与最上层对象重叠的区域删除。选择重叠对象，单击属性栏中的"简化"按钮，使用选择工具移动对象后，简化后的效果（图3-13）。

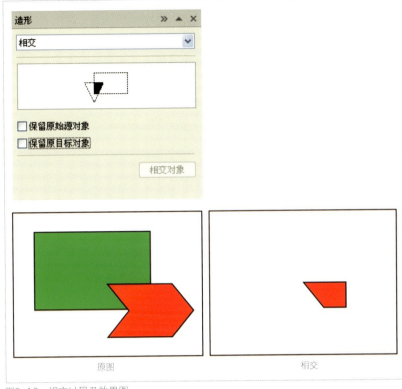

图3-12 相交过程及效果图

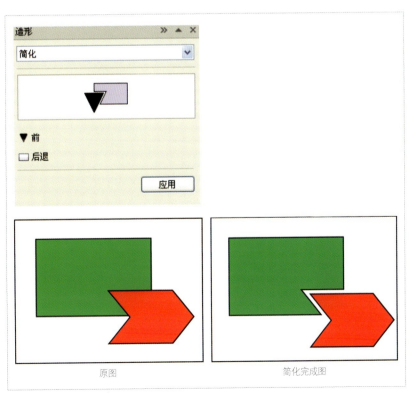

图3-13 简化过程及效果图

3.2.5 相交对象的移除后面对象和移除前面对象

　　我们可以对相交对象进行"移除后面对象"或"移除前面对象"的操作，以获得不同的图形效果。选中两个重叠的对象，选择菜单栏中的"排列"→"造型"→"移除后面对象"或"排列"→"造型"→"移除前面对象"命令，或单击属性栏中的"移除后面对象"按钮或"移除前面对象"按钮，即可完成其操作（图3-14）。

　　还可以选择菜单栏中的"窗口"→"泊坞窗"→"造形"命令，在弹出的"造型"泊坞窗的下拉列表框中选择"移除后面对象"或"移除前面对象"选项，在泊坞窗中单击"应用"按钮（图3-15）。

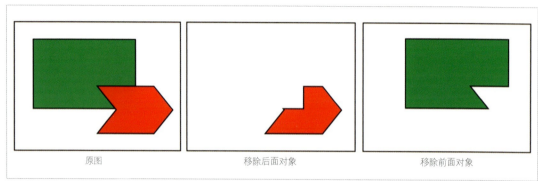

图3-14　移除后面和前面对象的效果图

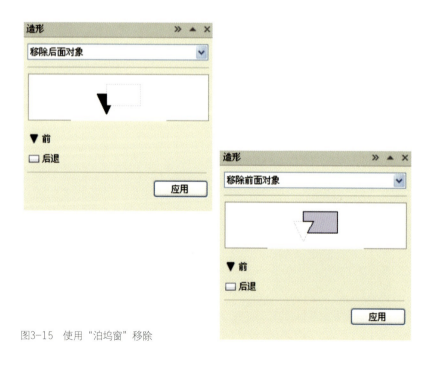

图3-15　使用"泊坞窗"移除

色彩填充与
轮廓编辑

学习重点
不同的色彩填充方式。
不同的轮廓编辑方式。

在CorelDRAW X6中，色彩的填充方式包含均匀填充、渐变填充、图样填充、底纹填充、PostScript填充、网状填充、交互式填充；而轮廓线则包括轮廓线样式、颜色和轮廓宽度。

4.1

色彩填充

（1）均匀填充

通过单击工具条上的 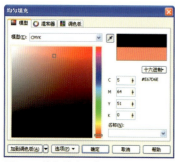 中的"填充对话框"选项打开"均匀填充"对话框，自定义进行填充（图4-1）。

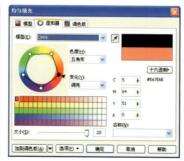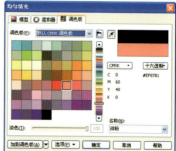

图4-1　均匀填充示意图

（2）渐变填充

通过单击工具条上的 中的"填充对话框"选项打开"渐变填充"对话框的"类型"下拉列表，列表中包括5种渐变类型。

①线性渐变填充：该类型渐变填充是沿着对象做直线流动（图4-2）。

②辐射渐变填充：该类型渐变填充是从对象中心向外扩展（图4-3）。

③圆锥渐变填充：该类型渐变填充是产生光线落在圆锥上的效果（图4-4）。

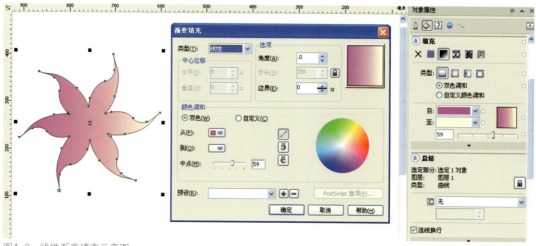

　　图4-2　线性渐变填充示意图

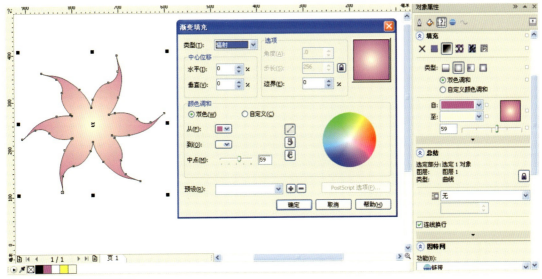

图4-3 辐射渐变填充示意图

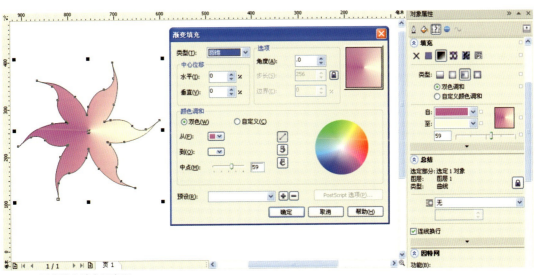

图4-4 圆锥渐变填充示意图

④正方形渐变填充：该类型渐变填充是以同心方形的形式从对象中心向外扩散（图4-5）。

⑤自定义渐变填充：既包括多色渐变填充的设置，也包括设置渐变类型中的选项设置（图4-6）。

（3）图样填充

CorelDRAW X6中，图案填充包含3种类型，即双色（图4-7）、全色（图4-8）、位图填充（图4-9）。每一种类型的填充都有多种预设图案，而且还可以调节图案的填充方式。

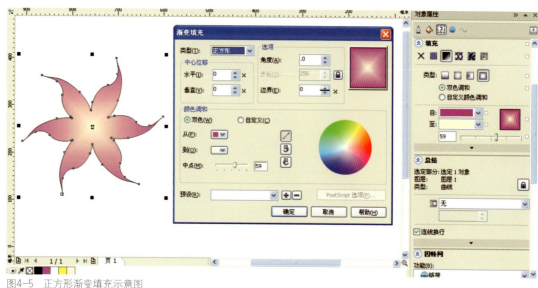

图4-5 正方形渐变填充示意图

图4-6 自定义渐变填充示意图

图4-7　双色填充示意图

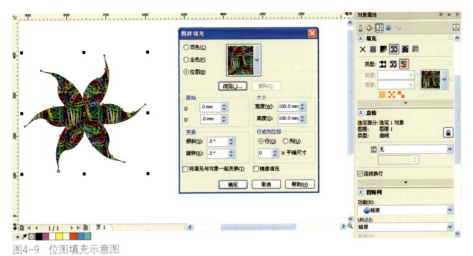

图4-8　全色填充示意图

图4-9　位图填充示意图

提示

在使用位图进行填充时，要尽量选择简单一点的位图，因为使用复杂的位图填充时会占用较多的内存空间，使系统的速度变慢，屏幕显示的速度也会变慢。

（4）底纹填充

底纹填充也称为纹理填充，它是随机生成的填充，可以用来赋予对象自然的外观，可以将模拟的各种材料底纹、材质或纹理填充到物件中；同时，还可以修改、编辑这些纹理的属性，修改底纹库中的材质纹理和相关参数即可（图4-10）。

（5）PostScript填充

PostScript填充也是一种图案填充，只不过它是利用PostScript语言设计出来的一种特殊的复杂的图案填充。它使用的限制非常多，因为PostScript图案十分复杂，在打印和更新屏幕显示时会使计算机处理时间变长，非常占用系统资源，使用时一定要慎重（图4-11）。

（6）网状填充

网状填充工具可以为所选的对象创建特殊的填充效果。使用该工具可以为对象定义网格，并可以调整网格的数量、网格交点的位置与类型，而且还可以在网格线上添加节点、设置节点的类型，以制作出变化丰富的网格填充效果（图4-12）。

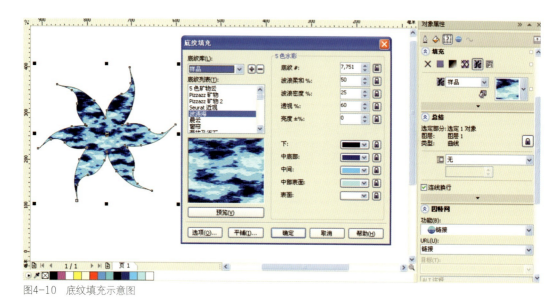

图4-10 底纹填充示意图

图4-11 PostScript 填充示意图

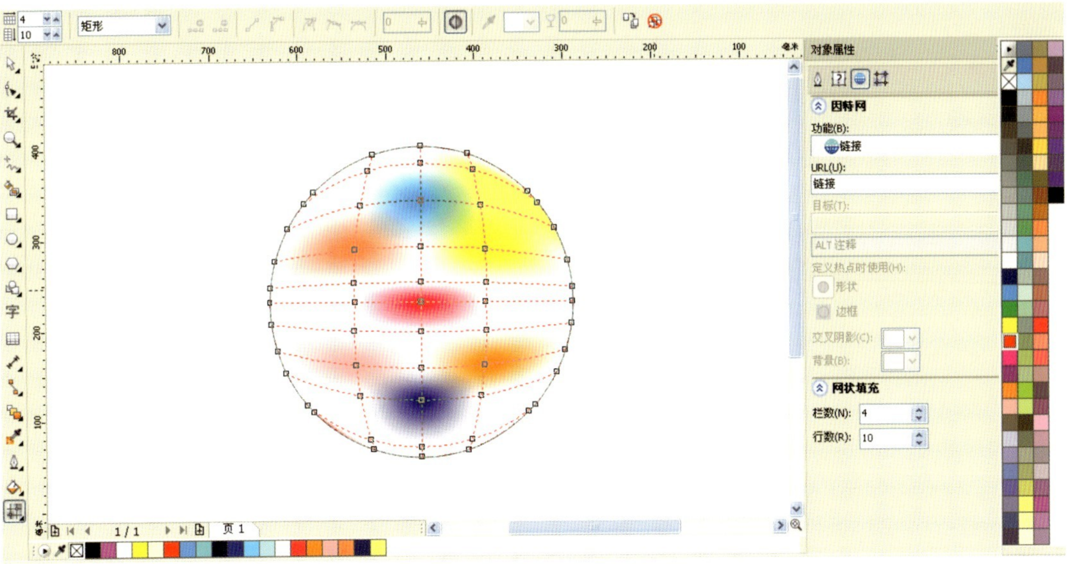

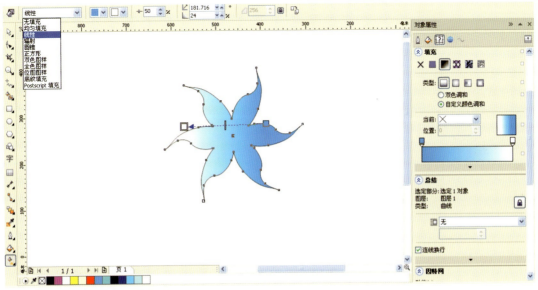

图4-12 网状填充示意图

提示

用鼠标直接将调色板中的颜色拖入网格中即可填充各种颜色，网格线可以调整其位置和弧度。

（7）交互式填充

　　交互式填充工具是所有填充工具的综合体。单击工具箱中的 "交互式填充" 工具，弹出的属性栏会根据填充对象的类型不同而不同，在属性栏中可以选择多种填充方式（图4-13）。

图4-13 交互式填充示意图

4.2

轮廓编辑

轮廓编辑多用轮廓笔工具进行。

通常情况下，轮廓是指对象最外边的包围对象的曲线。我们可以改变对象的轮廓属性，包括轮廓的颜色、宽度、样式等，适当地为对象增加轮廓色，可以使整个对象更加美观，有画龙点睛的作用。3个椭圆形地方可以对对象的轮廓颜色、宽度、样式进行编辑（图4-14）。

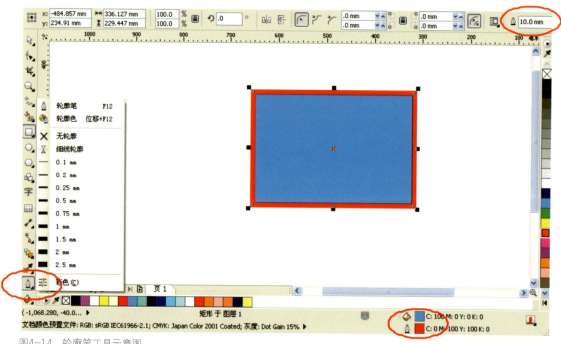

图4-14　轮廓笔工具示意图

处理文本

学习重点

重点掌握在CorelDRAW中美术字文本和段落文本的使用技巧。

CorelDRAW X6中，文本分为美术字文本和段落文本两种格式，这为我们制作一些特殊的文本效果提供了很大的方便。下面就分别介绍如何添加文本、转换文本、选择文本以及编辑文本。

使用工具箱中的 **字** 文本工具既可以创建美术字文本，也可以创建段落文本。如果要创建美术字文本，使用文本工具在绘图页面中直接单击左键输入文字即可；如果要输入段落文本，那么需要使用文本工具在绘图页面中单击左键并拖曳出一个文本框，然后再输入文字。

5.1

美术字文本

在工具箱中选择"文本工具" **字**，其属性栏如图5-1所示。

| | | | | | | | | T 方正水黑简体 | 24 pt | | | | | | | | | | |

图5-1 美术字文本属性栏

选择工具箱中的"文本工具" **字** 或直接按键盘上的F8键，在绘图页面中单击，出现闪动的插入点光标之后，即可输入文本（图5-2）。

（1）选择字体

如果要对某个或某部分文字应用某种字体，可以在文字被选中的状态下，在属性栏中选择字体进行应用，其操作步骤如下。

①使用"文本工具" **字** 选中输入的文字。

②在属性栏中的"字体下拉列表"中选择用户满意的字体（图5-3）。

图5-2 文字输入

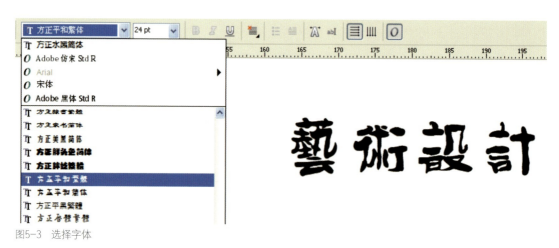

图5-3 选择字体

（2）选择字号

字号是表示所有字符大小的一种度量单位，分为点制、号制等。在排版软件中一般都采用点制。设置字号时，其步骤如下。

①使用"文本工具" **字** 选中输入的文字。

②在属性栏中的"字体大小列表"下拉列表框中选择字号，也可直接输入数值，改变文字的大小（图5-4）。

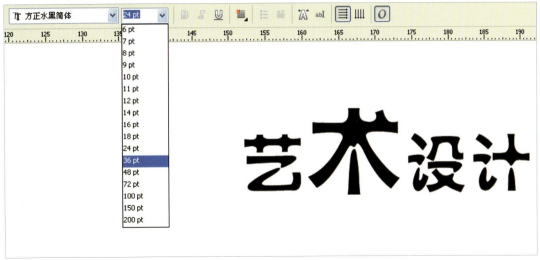

图5-4　选择字号

（3）设置字距和行距

　　字符与字符之间的空间距离称为字距，行与行之间的空间距离称为行距。

　　设置字距和行距的操作步骤如下。

　　①使用挑选工具选取输入的文字。

　　②单击工具箱中的"形状工具" ，文字的下边两端会出现字的控制箭头手柄（图5-5）。

　　③按住"字距控制箭头手柄" 或"行距控制箭头手柄" 拖曳鼠标，即可改变文本的字距或行距（图5-6）。

图5-5　选定文本

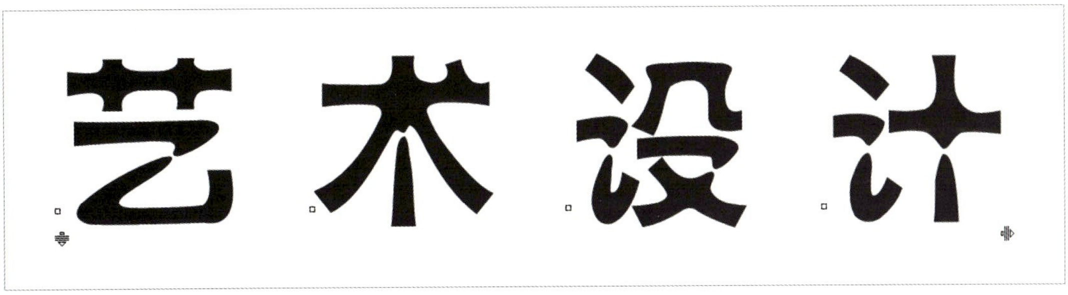

图5-6　确定字距与行距

（4）改变字颜色和编辑单个字

　　单击所要修改颜色的字符左下角的空点，在调色板中选取相应的颜色替换（图5-7）。

　　单击所要修改的字符左下角的空点，可以更改其单个字的字体大小，也可以用其他方法编辑单个字（图5-8）。

图5-7　选取字体颜色

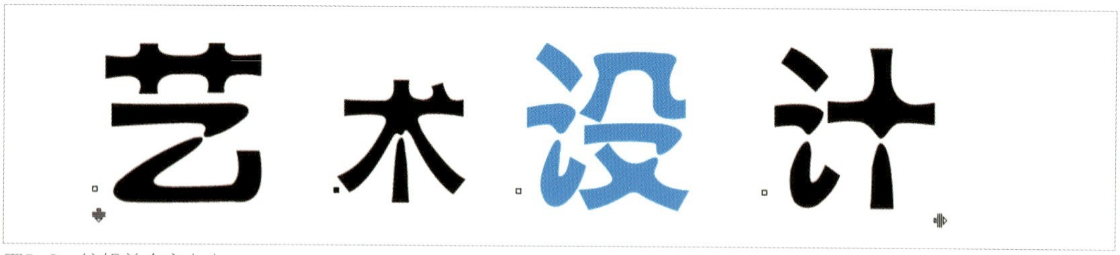

图5-8　编辑单个字大小

段落文本

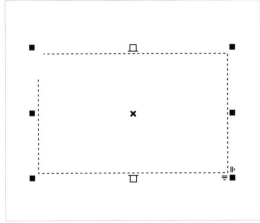

图5-9　设置段落文本框

段落文本可以任意地缩放和移动文字的框架，但不能应用交互式艺术效果。

（1）段落文本的输入

段落文本输入步骤如下。

①选择工具箱中的"文本工具"字或直接按键盘上的F8键，在绘图页面中按下鼠标左键不放，拖曳出一个矩形的段落文本框（图5-9）。

②在此文本框中输入文本，就形成了段落文本。

③选择文本，使用菜单栏中的"文本"→"段落文本框"→"使文本适合框架"命令，系统将自动调整文本的大小，使其与文本框大小匹配（图5-10）。

④使用段落属性面板调整段落文本的字距和行距（图5-11）。

⑤使用文本菜单下拉列表中的栏、首字下沉等效果（图5-12）。

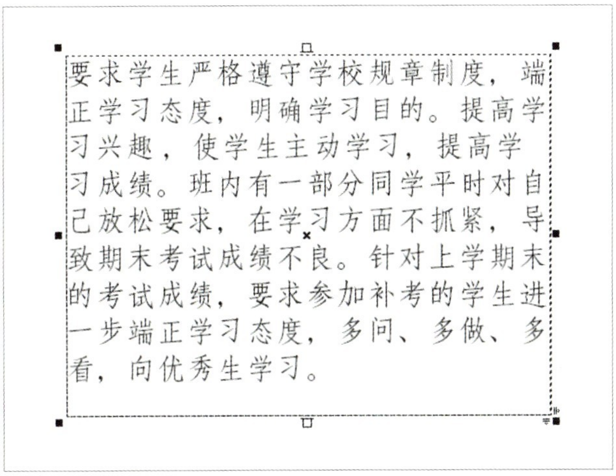

要求学生严格遵守学校规章制度，端正学习态度，明确学习目的。提高学习兴趣，使学生主动学习，提高学习成绩。班内有一部分同学平时对自己放松要求，在学习方面不抓紧，导致期末考试成绩不良。针对上学期末的考试成绩，要求参加补考的学生进一步端正学习态度，多问、多做、多看，向优秀生学习。

图5-10　调整字体大小

图5-11　调整段落文本的字距和行距

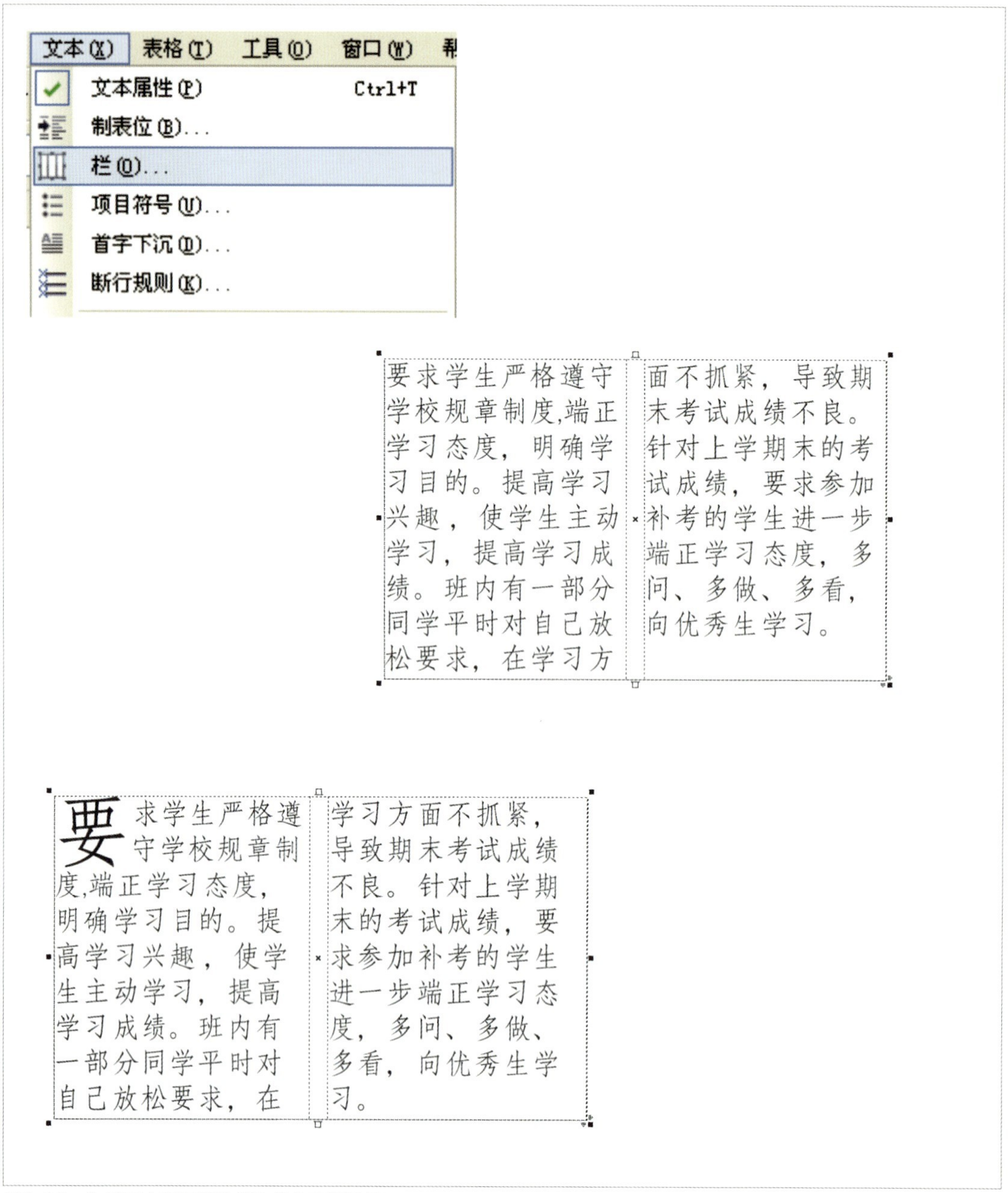

文本(X) 表格(T) 工具(O) 窗口(W) 帮

✓ 文本属性(P)   Ctrl+T
   制表位(B)...
   栏(O)...
   项目符号(U)...
   首字下沉(D)...
   断行规则(K)...

要求学生严格遵守学校规章制度,端正学习态度，明确学习目的。提高学习兴趣，使学生主动学习，提高学习成绩。班内有一部分同学平时对自己放松要求，在学习方

面不抓紧，导致期末考试成绩不良。针对上学期末的考试成绩，要求参加补考的学生进一步端正学习态度，多问、多做、多看，向优秀生学习。

要求学生严格遵守学校规章制度,端正学习态度，明确学习目的。提高学习兴趣，使学生主动学习，提高学习成绩。班内有一部分同学平时对自己放松要求，在

学习方面不抓紧，导致期末考试成绩不良。针对上学期末的考试成绩，要求参加补考的学生进一步端正学习态度，多问、多做、多看，向优秀生学习。

图5-12　使用下拉列表调整栏和首字下沉效果

处理位图

学习重点

掌握在CorelDRAW中添加位图、编辑位图颜色的使用技巧。

重点掌握在CorelDRAW中为位图添加滤镜效果的技巧。

在CorelDRAW X6中，不但可以对矢量图进行编辑，也可以对位图进行编辑。可以将绘制的矢量图转换为位图，也可以直接将位图导入CorelDRAW中进行编辑。

6.1

在CorelDRAW中添加位图

在CorelDRAW中添加位图有两种形式：一种是使用 "文件"→"导入"命令（快捷键为Ctrl+I），直接将位图图片导入CorelDRAW中；还有一种是使用"位图"→"转换为位图"命令，将弹出"转换为位图"对话框（图6-1）。

图6-1　转换为位图对话框

①分辨率：选择的分辨率数值越大，所占的磁盘空间越大。如果图像中没有过多的组成部分，可以选择较低的分辨率。

②颜色模式：在该下拉列表框中可以选择一种颜色模式。

③递色处理：勾选该复选框，可以提高颜色转换的效率。该复选框只对非RGB和CMYK颜色模式有效。

④总是叠印黑色：勾选该复选框，在输出时会自动加上底色的色值。

⑤光滑处理：勾选该复选框，可以改善位图颜色之间的过渡，使位图边缘变得平滑。

⑥透明背景：勾选该复选框后，位图的背景色为透明色。

⑦在"转换为位图"对话框中完成设置后，单击"确定"按钮，即可将选中的矢量图形转换为位图。

编辑位图颜色

6.2.1　应用色彩模式

CorelDRAW中提供了强大的编辑位图颜色功能，CorelDRAW X6 提供了7种快速调整位图颜色的命令，能快速调整位图的颜色，赋予位图不同的图像效果。其操作方法是选择位图图像后执行"位图"→"模式"命令，在弹出的子菜单中选择相应的命令，在打开的参数面板中设置各项参数，完成后单击"确定"按钮即可将位图换行到相应的模式下（图6-2）。

①黑白模式：只有黑白两个颜色的模式。

②灰度模式：由256个级别的灰度应用形成的图像效果的色彩模式。

③双色模式：混合两个以上色调的色彩模式，使用者可自由设置三色调或四色调等。

④调色板色模式：更改图像的8位位图模式。

⑤RGB色彩模式：转换为RGB色彩模式，若用户选择的位图为RGB模式，则选项呈灰色显示。

⑥Lab色彩模式：转换为Lab色彩模式。

⑦CMYK色彩模式：转换为CMYK色彩模式。

图6-2　应用色彩模式对话框

6.2.2　应用颜色遮罩

位图颜色遮罩是将位图上的某些颜色区域或该颜色的近似色区域进行显示或隐藏的操作，让图像效果的调整更自由。如果需要隐藏位图中的某些颜色，可以使用"位图颜色遮罩"命令来实现。具体操作步骤如下：

①选中一个位图，选择菜单栏中的"位图"→"位图颜色遮罩"命令，弹出"位图颜色遮罩"泊坞窗（图6-3）。

图6-3　位图颜色遮罩泊坞窗

图6-4　选择需要遮罩的颜色

图6-5　选中需要遮罩的颜色

②在"位图颜色遮罩"泊坞窗中选中"隐藏颜色"单选按钮，勾选其下方列表框中的"颜色条目"，然后单击"颜色选择"按钮，此时光标会变为吸管形状，在位图上单击并选择需要遮罩的颜色（图6-4）。

③分别勾选列表框中的"颜色条目"，使用吸管在位图上选择需要遮罩的颜色，所选中的颜色会依次显示在"颜色条目"列表框中（图6-5）。

④在"颜色条目"列表框中选择需要遮罩的颜色，拖动"容限"滑块或者在文本框中直接输入数值，容限值越大，遮罩的颜色范围越大。

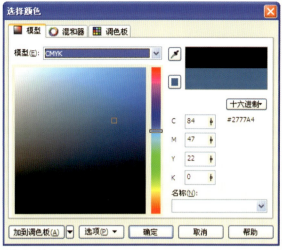

图6-6 选择颜色对话框

⑤单击泊坞窗中的"编辑颜色"按钮，可以在弹出的"选择颜色"对话框中设置要进行遮罩的颜色，完成后单击"确定"按钮（图6-6）。

⑥完成泊坞窗中各选项的设置后，单击"应用"按钮，即可对选中的颜色使用颜色遮罩，遮罩设置及遮罩后的效果如图6-7所示。

⑦在"位图颜色遮罩"泊坞窗中单击"保存遮罩"按钮，可以将"颜色条目"列表框中选中的颜色保存在文件夹中；单击"打开遮罩"按钮，可以打开已存在的颜色遮罩样式（图6-8）。

图6-7 遮罩效果示意图

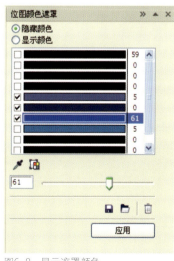

图6-8 显示遮罩颜色

6.3

为位图添加滤镜效果

在CorelDRAW X6中，可以对位图使用三维效果、艺术笔触、模糊等多种特殊效果。灵活地为位图添加特殊效果，可以使创作的作品更加完美。

在"位图"菜单中的"位图"→"三维效果"命令中，提供了7种不同的三维效果命令，可以使位图具有三维旋转、柱面、浮雕、卷页、透视、球面等效果（图6-9）。

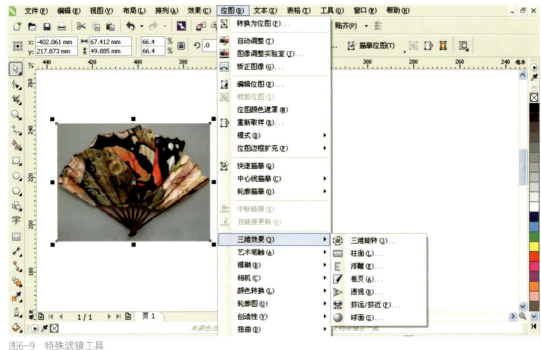

图6-9 特殊滤镜工具

6.3.1 三维旋转

执行"位图"→"三维效果"→"三维旋转"命令，弹出对话框（图6-10）。

①垂直：在该数值框中可以设置绕垂直轴旋转的角度。

②水平：在该数值框中可以设置绕水平轴旋转的角度。

③最合适：勾选该复选框，应用三维旋转后的位图尺寸将接近原始位图尺寸。

在对话框中单击"重置"按钮，可以将各选项恢复到默认值。完成设置后，单击"确定"按钮即可。

6.3.2 柱 面

执行"位图"→"三维效果"→"柱面"命令，弹出对话框（图6-11）。

①柱面模式：在该选项区中可以根据需要选择一种模式，包括"水平"和"垂直"两种。

②百分比：拖动滑块可以设置"水平"和"垂直"模式的百分比，也可以在右侧的文本框中直接输入数值。

在"柱面"对话框中完成设置后，单击"确定"按钮，即可为图像添加"柱面"效果。

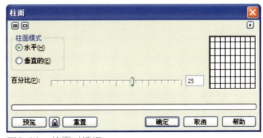

图6-10 三维旋转对话框

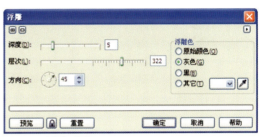

图6-11 柱面对话框

6.3.3 浮 雕

执行"位图"→"三维效果"→"浮雕"命令，弹出对话框（图6-12）。

①深度：拖动滑块可以改变浮雕效果的深度，也可以在文本框中直接输入数值。

②层次：拖动滑块可以控制浮雕的效果，文本框中的数值越大，图像的浮雕效果越明显。

③方向：旋转方向盘中的指针，或者在数值框中输入数值，可以改变浮雕效果方向。

④浮雕色：在该选项中可以选择浮雕效果的颜色样式。如果选中"原始颜色"单选按钮，将不会改变图像本身的颜色效果；选中"灰色"单选按钮，图像将会转换成灰色浮雕效果；选中"黑"单选按钮，图像转换后将变成黑白效果。

图6-12 浮雕对话框

6.3.4 卷 页

执行"位图"→"三维效果"→"卷页"命令，弹出对话框（图6-13）。

图6-13 卷页对话框

①定向：在该选项区中选中"垂直"或"水平"单选按钮，可以设置卷页卷起的方向。

②纸张：在该选项区中选中"不透明"或"透明的"单选按钮，可以设置卷页部分是否透明。

③颜色：在该选项区中可以分别设置卷页的颜色和卷页后面背景的颜色。

④宽度：拖动滑块可以设置卷页的宽度。

⑤高度：拖动滑块可以设置卷页的高度。

6.3.5 透 视

执行"位图"→"三维效果"→"透视"命令，弹出对话框，类似于卷页对话框。

①类型：在该选项区中可以设置图像的透视类型，包括"透视"和"切变"两种。

②最适合：勾选该复选框后，设置透视效果后的图像尺寸和原图像的尺寸会比较接近。

在透视对话框左下角的窗格中，使用鼠标拖动控制点，可以设置透视效果的方向和深度。

6.3.6 球 面

执行"位图"→"三维效果"→"球面"命令，弹出对话框（图6-14）。

①优化：在该选项区中可以选中"速度"或"质量"单选按钮。

②百分比：拖动滑块可以控制图像球面化的程度。

图6-14 球面对话框

6.3.7 艺术笔触

"艺术笔触"滤镜主要用于模拟使用不同的画笔和油墨进行描边，以创造出需要的绘图效果。还可以使用模糊、相机、创造性等滤镜，以满足不同作品的设计要求（图6-15）。

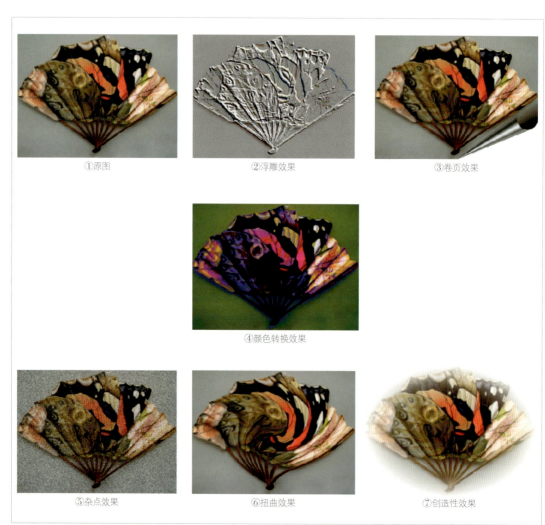

①原图   ②浮雕效果   ③卷页效果

④颜色转换效果

⑤杂点效果   ⑥扭曲效果   ⑦创造性效果

图6-15 各种滤镜效果图

7.

平面广告设计

了解平面广告的概念、分类、设计原则。
掌握平面广告主题定位、平面广告设计的图形创
作、平面广告设计中的版面编排、平面广告在媒
体中的运用等平面广告设计的基本知识。

案例详解CorelDRAW X6中平面广告设计的绘
制方法。

广告设计的图文编排

平面广告是指以二维空间形式存在的广告形态，是一种图文并茂、形式内容丰富而广泛的广告形式。

按平面广告的性质划分：经济广告（商业广告）、文化广告（文体广告）、社会广告（公益广告）。

按平面广告的媒体划分：印刷类、非印刷类、光电子技术类。

平面广告设计的任务：有效地传递商品和服务信息；树立良好的品牌和企业形象；激发消费者的购买欲求；说服目标受众改变态度；给人以审美感受。

现代平面广告设计的原则：真实性、关联性、创新性、形象性、感情性。

7.1.1　广告设计中常见图形的运用

（1）摄影图片

将美术设计与摄影艺术相结合，再现商品形象，这是传达商品信息最有说服力的手段。

（2）插图

①具象绘画：将速写、素描、水彩、油画、国画等表现手法融入设计，给商业广告带来更多人文气息。

②卡通漫画：一种夸张幽默的艺术表现手法，看后令人回味无穷，留下深刻的印象。

③抽象图形：将自然形象进行概括、提炼、简化而得到的形态运用于版面当中，起到烘托主题、串联信息、构建画面的作用。

7.1.2　图形创作的方法

（1）联想

由于某概念的相同或相似而引出其他相关的概念。

①虚实联想：用具体的形象表现虚而不见的概念。

②接近联想：在接近的时间或空间上发生过两件以上的事情，会形成接近联想。

③类似联想：外形或内容上相似的事物，会产生类似联想。

④对比联想：外形或内容上的反差，构成对比联想。

⑤因果联想：事物之间的因果联系，从原因联想到结果。

（2）想象

将原有的事物进行艺术加工，创造出全新的形象。

①再造想象：将社会普遍认同的某种事件或公众普遍熟悉的形象，经过再度改造进行内容的转换，使图形产生令人耳目一新的感觉。

②创造想象：根据广告主题，独立地创造出一个全新的形象。

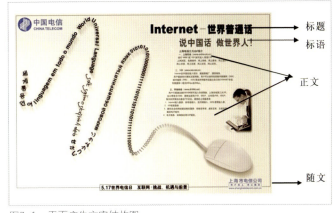

图7-1　平面广告文案结构图

7.1.3　文案

平面广告文案结构通常包括标题、标语、正文、随文四部分（图7-1）。

（1）广告标题

广告标题是表现广告主题、引起目标受众注意的短句，是一则广告的导入部分。

特征：位于广告的醒目位置，其主要职能是迅速引起注意。通常选用较其他部分大的字体。

（2）广告标语

广告标语是为了加强受众对企业、商品或服务的印象，在较长一段时期内反复使用，是集中体现广告阶段性战略的一种简练的口号性语句。

特征：集中体现广告标排的阶段性战略。它必须体现广告的定位、形象和主题，从而加强受众的印象。在某一阶段内长期使用，具有相对的稳定性，是一种口号性语句。广告语不能太复杂，一两句话共同表达出一个完整的广告主题即可。

（3）广告正文

广告正文是广告文案的主体，是对广告标题的解释和对广告主题的详细阐释部分。正文通常是在广告标题引起了读者的注意或激发了读者的兴趣之后，通过对广告内容的详细说明来说服受众并促使他们采取行动的。

广告正文通常在标题之下，对标题进行解释，是对广告内容的详细阐述，担负着心理说服的功能。

（4）广告随文

广告随文是广告文案向受众说明广告主信息及相关附加信息的内容，一般位于广告的尾部。

广告随文的具体内容如下。

品牌，企业名称，企业标志，企业地址、电话、联系人，购买商品或获及服务的方法，权威机构证明标志，特别需要说明的内容，必要的表格等。

7.1.4　字体

字体搭配的规律如下。

①字体变化不宜过多，控制在2~3种。

②标题选择较宽、粗和有一定修饰的字体，以吸引受众阅读；正文、段落文字适合选择简洁、笔画较细的字体，以方便阅读。

③不同字体的风格要和谐，要求既区别又协调。

7.2

案例：竹扇广告设计

7.2.1 实例解析

　　本实例主要创作竹扇的广告设计，该设计新颖、醒目，通过竹林背景让人展现联想；色调上应用冷色调，给人一种清新凉爽的感觉。本实例的最终效果如图7-2所示。

　图7-2　竹扇广告设计最终效果图

7.2.2 步骤详解

（1）添加填充和图像背景

①执行菜单栏中的"文件"→"导入"命令，打开"导入"对话框，选择竹扇广告背景.jpg图像，单击"导入"按钮，在页面中单击，图像将显示在页面中（图7-3）。

②单击工具箱中的"矩形工具"按钮，在页面中绘制一个矩形，将矩形填充网格渐变色从白色到绿色（C: 25、M: 0、Y: 80、K: 0）（图7-4）。

③将鼠标指针移至矩形内的控制点上，按住鼠标并拖动，调整某些控制点的位置，设置矩形"边框"为无（图7-5）。

图7-3　竹扇广告背景图像

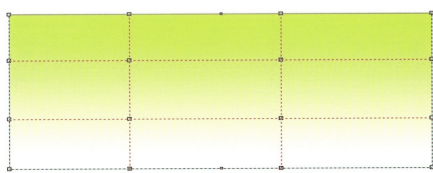

图7-4　填充网格渐变色

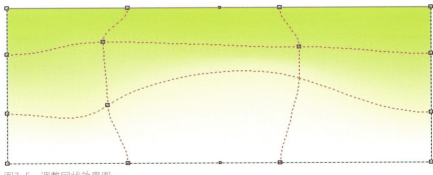

图7-5　调整网状效果图

④调整画面布局如图7-6所示。选择导入的图片，选择工具箱中的"透明度工具"为其增加透明，此时的图形效果如图7-7所示。

图7-6　画面调整

图7-7　透明效果

（2）添加竹扇和文字

①单击工具箱中的"矩形"按钮，在页面中绘制一个矩形（图7-8）。

②执行菜单栏中的"排列"→"转换为曲线"命令，将矩形转换为曲线。再单击工具箱中的"形状工具"按钮，将矩形下面的两个节点向内移动到合适位置（图7-9）；将变形后的矩形填充和轮廓颜色都设置为绿色（C：100、M：0、Y：100、K：0）（图7-10）。

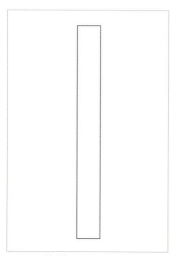

图7-8　绘制矩形

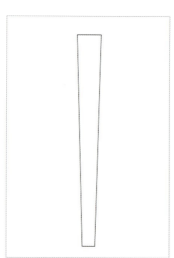

图7-9　调整节点

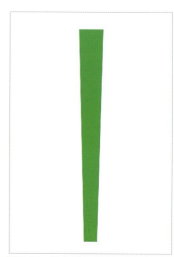

图7-10　填充绿色

③打开"窗口"→"泊坞窗"→"变换"对话框，设置"镜像"框水平比例为"90%"，垂直比例为"98%"，"副本"为1，单击应用按钮（图7-11）。此时，图形将复制一份，将图形的轮廓颜色设置为绿色（C: 48、M: 0、Y: 100、K: 0）（图7-12）。

④单击工具箱中的"交互式填充工具"按钮，将鼠标指针移至绿色的边框上，按住鼠标向绿色边框上移动（图7-13）。释放鼠标后，图形效果如图7-14所示。

⑤双击该图形，图形四周将出现变形框，将中心点向下移动到合适位置（图7-15）。

⑥打开"变换"泊坞窗，单击"旋转"按钮，设置旋转"角度"为6°，"副本"设置为20（图7-16）。

⑦各项参数设置完成后，单击"变换"泊坞窗下方的"应用"按钮，此时图形效果（图7-17）。

图7-11　设置缩放参数

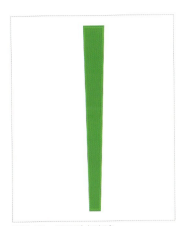

图7-12　设置边框颜色

图7-13　使用交互式调和工具

图7-14　调和效果

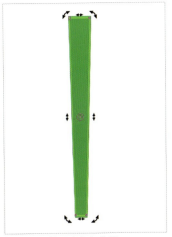

图7-15　设置中心点位置

图7-16　设置旋转参数

图7-17　旋转效果

⑧将图形全部选中，按"Crtl+G"键群组所有，然后双击图形，旋转图标，将图形旋转到合适的位置，并将图形缩放到一定大小。然后再将其移动到合适位置（图7-18）。

⑨单击工具箱中的"椭圆形工具"按钮，在页面中绘制一个正圆，将其填充和轮廓都设置为绿色（C：100、M：0、Y：100、K：0）（图7-19）。

⑩打开"变换"泊坞窗，设置为等比缩放，设置缩放比例为90%，"副本"设置为1。单击"应用按钮"，此时图形将复制一份，复制出的图形将缩放到90%，将图形边框颜色设置为绿色（C：48、M：0、Y：100、K：0）（图7-20）。

⑪单击工具箱中的"调和工具"按钮，将鼠标指针移至绿色的边框上，按住鼠标向绿边框上拖动。此时，将产生调和效果（图7-21）。

⑫将图形复制一份，再将两个图形缩放到合

图7-18 移动效果

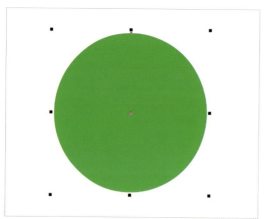

图7-19 正圆效果

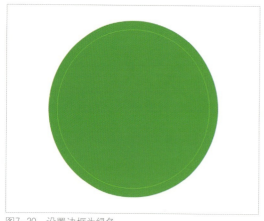

图7-20 设置边框为绿色

图7-21 调和效果

适大小并移动到页面右边（图7-22）。

⑬单击工具箱中"文本工具"按钮，在页面中输入文字，设置文字"颜色"为白色，"字体"为"汉仪竹节体简"（图7-23）。

⑭单击工具箱中的"贝塞尔工具"按钮，在页面中绘制3条曲线，将其颜色设置为绿色（C：100、M：0、Y：100、K：0）（图7-24）。

⑮将3条直线全部选中，单击属性栏中"对齐与分布"按钮，打开"对齐与分布"对话框，选择"对齐"选项卡选择"顶端对齐"；再选择"分布"选项卡选择"水平分散排列中心"（图7-25）。

⑯单击工具箱中的"文本工具"按钮，在页面中输入文字，设置文字"颜色"为绿色

图7-22　复制并调整

图7-23　输入文字

图7-24　绘制直线

图7-25　对齐与分布直线

（C：100、M：0、Y：100、K：0）（图7-26）。

⑰单击工具箱中的"矩形工具"按钮，在页面中绘制一个矩形。再单击工具箱中的"形状工具"按钮，将其调整成圆角矩形（图7-27）。

⑱将圆角矩形的边框颜色设置成红色。再单击工具箱中的"文本工具"按钮，在页面中输入文字，设置文字"颜色"为红色（C：0、M：100、Y：100、K：0）（图7-28）。

⑲将图形全部选中并将其缩放到一定大小，然后将其移动到合适位置（图7-29）。

⑳单击工具箱中的"矩形工具"按钮，将其调整为圆角矩形，填充为红色（C：0、M：100、Y：100、K：0）。然后在红色圆角矩形上输入文字，设置文字"颜色"为白色（图7-30）。

㉑单击工具箱中的"矩形工具"按钮，在页面中绘制一个矩形，将矩形颜色填充为绿色（C：100、M：0、Y：100、K：0）（图7-31）。

图7-26　再次输入文字

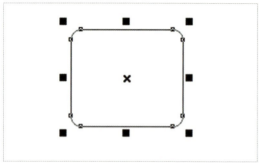

图7-27　绘制圆角矩形

图7-28　输入红色文字

图7-29　缩放并移动

图7-30　输入文字

图7-31 填充颜色

（3）添加标志

①单击工具箱中的"椭圆形工具"按钮，在页面中绘制一个正圆，将其填充为绿色（C：100、M：0、Y：100、K：0）（图7-32）。

②单击工具箱中的"椭圆形工具"按钮，绘制一个正圆，移动到到如图7-33所示。全选两个正圆，使用"移除前面对象"按钮（图7-34）。

③将图形缩放到一定大小后，将其移动到合适位置，再将其颜色设置为白色（图7-35）。

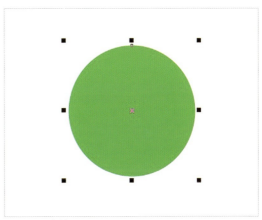

图7-32 绘制正圆

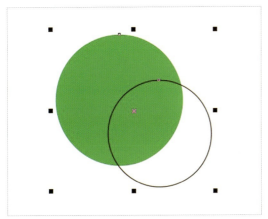

图7-33 绘制移动椭圆

图7-34 移除前面对象

图7-35 填充白色

　　④单击工具箱中的"文本工具"按钮，在页面中输入文字，并在合适的位置添加直线，插入图片素材"竹子"，调整完成。

插画设计

学习重点

了解插画的概念、插画的表现方法、插画的应用
领域等插画设计的基本知识。
案例详解CorelDRAW X6中插画的绘制方法。

CorelDRAW X6
SHEJI SHIYONG JIAOCHENG

8.1

插画的概述

　　插画是指我们平常看的报纸、各种刊物和图书中，在文字间所加插的图画。如今插图已经发展成为一种多元的艺术形式，被应用在现代设计的多个领域，涉及文化活动、社会公共事业、商业活动和影视文化等多方面。

　　插画的表现方法很多，其表现的形象可以是主题本身，也可以是主题的某部分。插画的表现方式包括传统手绘、现代CG、手绘与计算机相结合以及剪切、拼贴等综合表现方式。

　　随着时代的发展，插画艺术与各个领域都紧密地结合起来，表现形式的多样性大大促进了插画的发展，其涉及的领域越来越多。在一些常见的应用领域，插画为了适应需求都有了进一步的发展，演变出书籍插画、杂志内页插画、绘本插画、游戏动漫插画、包装插画、网页插画、海报插画等多种插画形式（图8-1）。

　　　　图8-1　插画示例

案例：绘制海边风景

8.2.1 实例解析

本实例操作难度最大的要属海面上波光的效果和沙滩上的沙粒。闪烁的波光和为数众多的沙粒都是通过细小的对象组合而成的。下面将绘制海边风景插画（图8-2）。

图8-2 海边风景插画

8.2.2 步骤详解

（1）绘制海边远景

①使用"矩形工具"绘制如图8-3所示矩形。

②分别为矩形网状填充渐变色，其中最上面矩形的颜色设置为（C：98、M：68、Y：0、K：0）到（C：100、M：91、Y：44、K：2）到（C：83、M：37、Y：11、K：0）到（C：91、M：72、Y：25、K：0）到最底层（C：82、M：44、Y：9、K：0），以表现海平面上的整体效果，对背景网格填充图进行编辑（图8-4）。

图8-3　绘制的背景矩形

③绘制矩形，填充的颜色设置为0%（C：30、M：58、Y：100、K：0）和100%（C：19、M：27、Y：100、K：0），以表现海滩效果（图8-5）。

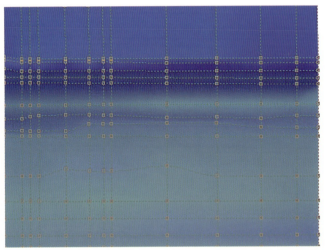

图8-4　矩形的填充编辑效果

图8-5　绘制的沙滩填充效果

④选择"艺术笔工具" 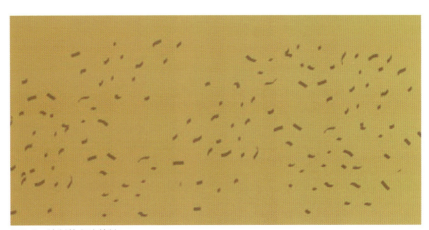，在属性栏中选择"书法笔刷" ，并设置相应的艺术笔工具宽度，在海滩上短距离地拖动鼠标，绘制如图8-6所示的笔触。

⑤将这些笔触对象的颜色填充为（C：51、M：62、Y：100、K：8），取消其外部轮廓，以表现沙滩上的沙粒效果（图8-7）。

⑥在沙滩与海平面的交界处绘制如图8-8所示的对象，将其填充为"白色"，并取消其外部轮廓，以表现沙滩上的波浪效果。

图8-6　绘制的书法笔触

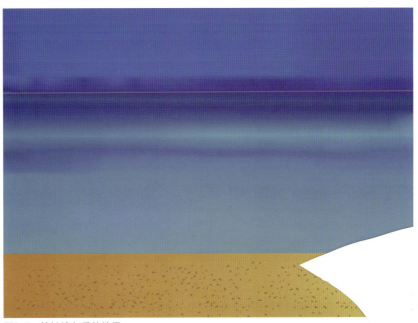

图8-7　笔触填色后的效果

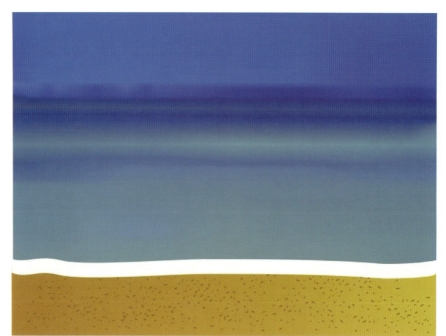

图8-8　绘制的波浪对象

图8-9　海面上的波光效果

　　⑦按照绘制沙粒的方法，在海平面上绘制如图8-9所示的笔触对象，以表现海平面上波光粼粼的效果。将组成最远处波光的所有笔触对象的颜色填充为（C：0、M：0、Y：100、K：0），组成近处两条波光的所有笔触对象填充为"白色"，并取消所有笔触对象的外部轮廓。

⑧绘制如图8-10所示的小岛外形，为其填充从（C：40、M：23、Y：99、K：0）到（C：58、M：53、Y：97、K：7）的线性渐变色，并取消其外部轮廓。

⑨在小岛上绘制如图8-11所示的多个对象，将他们的颜色填充为（C：65、M：44、Y：87、K：2），并取消其外轮廓，以表现小岛的颜色层次。

⑩继续在小岛上绘制如图8-12所示的两个对象，将它们的颜色填充为（C：65、M：44、Y：87、K：2），取消其外部轮廓。

⑪将小岛的所有对象群组，精确裁剪到小岛对象中，完成的效果（图8-13）。

⑫将绘制好的小岛对象移动到海平面与天空的交界处，并调整到适当的大小（图8-14）。

图8-10 绘制的小岛外形

图8-11 绘制表现山体的层次对象

图8-12 绘制的对象

图8-13 对象的精确裁剪效果

图8-14 海面上的山体效果

图8-15　复制山体对象

⑬将山体对象复制一份到左边相应的位置，并缩到一定的大小（图8-15）。

（2）绘制海滨近景

①绘制如图8-16所示的楼台外形。

②将楼台填充为"白色"，绘制如图8-17所示的楼台背光面。

③将楼台背光面的颜色填充为（C：37、M：22、Y：45、K：0）。将绘制好的楼台对象群组，取消它们的外部轮廓，然后移动到画面的右下角，如图8-18所示。

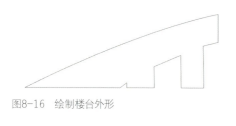

图8-16　绘制楼台外形

图8-17　绘制的楼台背光面

图8-18　海岸上的楼台效果

④绘制如图8-19所示的左半部分玻璃杯外形对象。

⑤将玻璃杯左半部分外形对象复制并水平镜像到右边，如图8-20所示。

⑥同时选择两个玻璃杯对象，单击属性栏中的"焊接"按钮，得到如图8-21所示的完全对称的玻璃杯外形。

图8-19　绘制的玻璃杯左半部分外形对象

图8-20　复制对象到右边

图8-21　玻璃杯对象的焊接效果

图8-22　对象的填充效果

⑦将绘制好的玻璃杯外形填充为从（C：36、M：0、Y：11、K：0）到"白色"的线性渐变色（图8-22）。

⑧取消玻璃杯对象的外部轮廓，然后在玻璃杯中绘制如图8-23所示的容积外形，为其填充从（C：4、M：0、Y：18、K：0）到（C：0、M：43、Y：96、K：0）的线性渐变色，并取消其外部轮廓，以表现饮料的色调效果。

⑨使用椭圆形工具和贝塞尔工具绘制玻璃杯的高光对象，将它们填充为"白色"，取消其外轮廓（图8-24）。

⑩使用贝塞尔工具绘制玻璃杯中插着的吸管效果，将吸管对象的轮廓色分别设置为（C：13、M：9、Y：58、K：0）和（C：90、M：90、Y：0、K：0），设置适当的轮廓宽度（图8-25）。

图8-23　绘制饮料的色调

图8-24　绘制玻璃杯上的高光

图8-25　绘制吸管

⑪使用椭圆形工具绘制如图8-26所示的同心圆。

⑫将最大和最小的同心圆填充为"橘红色"，取消所有圆形的外部轮廓，如图8-27所示。

⑬在同心圆下方绘制如图8-28所示的对象。

⑭使用该对象分别修剪步骤13绘制的所有圆形，得到如图8-29所示的修剪效果。

⑮在修剪后的半圆形对象上绘制如图8-30所示的对象。

⑯然后将步骤15绘制的对象复制两份，并按如图8-31所示排列复制的对象。

⑰使用步骤16中的对象修剪半圆形对象，得到如图8-32所示的橘片效果。

⑱在橘片上方绘制如图8-33所示的两个圆形，分别将大的圆形填充为"红色"，小的圆形填充为"黄色"，以表现橘片上的樱桃效果。

图8-26 绘制同心圆

图8-27 圆形的颜色

图8-28 绘制的对象

图8-29 圆形的修剪效果

图8-30 绘制的对象

图8-31 对象的复制和旋转效果

图8-32 橘片效果

图8-33 绘制橘片上的樱桃

⑲将绘制好的水果对象群组，移动到玻璃杯的右边杯口处，并按如图8-34所示调整水果对象的大小。

⑳将绘制好的饮品对象群组，复制一份到如图8-35所示位置，并调整到适当的大小。

㉑解散该饮品对象的群组状态，然后将吸管对象的轮廓色分别修改为（C：49、M：67、Y：64、K：4）和（C：1、M：78、Y：0、K：0），玻璃杯中的饮料颜色修改为从（C：1、M：78、Y：0、K：0）到"白色"的线性渐变色（图8-36）。

图8-34 饮品效果

图8-35 制作另一个饮品对象

图8-36　修改饮料和吸管颜色

图8-37　绘制的椭圆形

图8-38　玻璃杯下方的阴影效果

㉒在两个玻璃杯下方绘制如图8-37所示的两个椭圆形，将它们的颜色填充为（C：0、M：0、Y：20、K：40），取消其外部轮廓。

㉓将两个椭圆形移动到玻璃杯的下方，作为玻璃杯的投影，如图8-38所示。

㉔绘制如图8-39所示的椰树干外形，将其颜色填充为（C：18、M：47、Y：95、K：16），取消其外部轮廓。

㉕复制树干对象，修改复制对象的填充色为（C：18、M：54、Y：95、K：43），然后在树干上绘制如图8-40所示的对象。

㉖使用步骤25绘制的对象修剪复制的树干对象，得到如图8-41所示的斑驳边缘效果。

图8-39　绘制椰树干对象

图8-40　绘制用于修剪的对象

图8-41　斑驳边缘效果

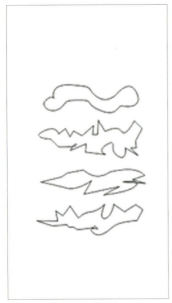

图8-42 绘制的纹理对象

图8-43 椰树干中斑驳树皮效果

图8-44 制作另一根椰树干

㉗在树干上绘制类似于如图8-42所示外形的多个对象，为这些对象填充相应的颜色，以变形椰树干上斑驳的树皮效果。

㉘绘制好的椰树干对象群组，如图8-43所示。

㉙将椰树干复制，按如图8-44所示调整复制的椰树干对象的宽度和高度。

㉚绘制如图8-45所示的多个椰树叶对象，为它们填充从（C：42、M：0、Y：75、K：0）到（C：93、M：51、Y：100、K：18）的线性渐变色，并适当改变不同树叶对象中渐变的边界和角度。

㉛将绘制好的椰树叶对象按如图8-46所示进行组合排列。

㉜在枝干上绘制如图8-47所示的斑驳对象，将它们的颜色填充为（C：47、M：0、Y：87、K：0），取消其外部轮廓。

图8-45 绘制的椰树叶对象

图8-46 组合后的椰树效果

图8-47 绘制椰树叶中的茎秆

图8-48　绘制的枝干对象

图8-49　绘制好的枝干效果

㉝在椰树叶下方绘制如图8-48所示的枝干对象，将其颜色填充为（C：40、M：58、Y：96、K：1），取消其外部轮廓。

㉞在枝干上绘制如图8-49所示的斑驳对象，将它们的颜色填充为（C：0、M：40、Y：60、K：20），取消其外部轮廓。

㉟将绘制好的椰树枝干和椰树叶对象移动到椰树干的底端，并按如图8-50所示调整其大小。

㊱单独选择椰树叶对象，将其复制一份到树干的左半，效果如图8-51所示。

㊲绘制如图8-52所示的海鸥对象，将其填充为"白色"。

㊳采用复制和修剪对象的方法绘制如图8-53所示的翅膀对象，将其填充为"黑色"。

㊴按照相同的绘制方法绘制另一种姿态的海鸥，如图8-54所示。

图8-50　椰树枝与树干的组合效果

图8-51　复制的椰树叶对象

图8-52　绘制的海鸥外形

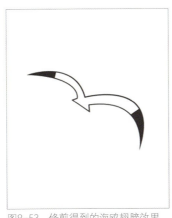

图8-53　修剪得到的海鸥翅膀效果

图8-54　绘制另外一种姿态的海鸥对象

㊵将绘制好的海鸥对象移动到画面中（图8-55）。

㊶绘制一个与插画背景大小相同的矩形，然后将插画中的所有对象群组，将它们精确地裁剪到新绘制的矩形中，完成本实例的绘制（图8-56）。

图8-55　大海上空的海鸥排列效果

图8-56　完成后海边风景插画效果

书籍装帧设计

学习重点
了解书籍装帧构成要素等方面的基本知识。
案例详解CorelDRAW X6中书籍装帧的绘制
方法。

9.1

书籍装帧的构成要素

广义的封面是指包装在书籍外部的整体，包括封面、封底、书脊、勒口、腰封、书盒等部分（图9-1），是对书籍护封的总称。

狭义的封面是针对封面、书脊、封底、勒口而言，指包装在书籍外面、书皮前面的部分。

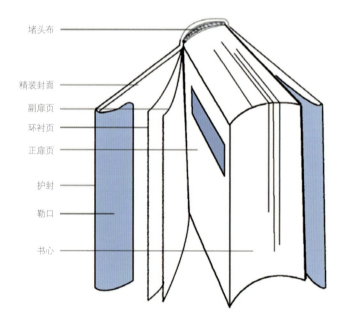

堵头布

精装封面

副扉页

环衬页

正扉页

护封

勒口

书心

　图9-1　书籍组成部分

书籍封面设计

9.2.1 实例解析

本实例主要使用"矩形工具""贝塞尔工具""形状工具"等制作出时尚个性的艺术专业书籍封面。本实例的最终封面效果如图9-2所示,立体效果(图9-3)。

图9-2 书籍封面效果

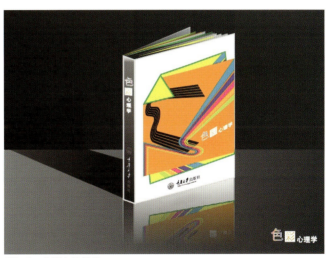

图9-3 书籍立体效果

9.2.2 步骤详解

(1)绘制底纹

①单击工具箱中的"贝塞尔工具"按钮,绘制底纹(图9-4)。

②将图形复制4份,单击工具箱中的"形状工具"按钮,依次为复制出来的图形调整角度、大小、倾斜度,将5个图形摆放在一起(图9-5)。

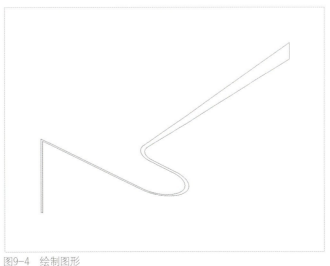

图9-4 绘制图形

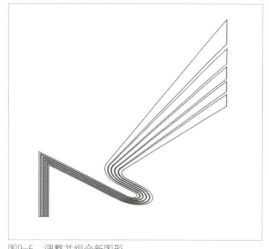

图9-5 调整并组合新图形

图9-6 五彩条纹

③给图形填色并按Ctrl+G组合键进行群组，设置"轮廓"为无，如图9-6所示。用同样的工具和同样的方法，再绘制一个类似的图形，全部选中并按Ctrl+G组合键进行群组，设置"轮廓"为无，颜色填充为"灰色"（C：0、M：0、Y：0、K：88）到"灰色"（C：0、M：0、Y：0、K：100）的线性渐变（图9-7）。

图9-7 黑色渐变条纹

（2）设计框架

①单击工具箱中的"矩形工具"按钮，绘制一个矩形，设置其宽度为185 mm，高度为260 mm。轮廓颜色为"灰色"（C：0、M：0、Y：0、K：20），轮廓宽度为2.0 mm，按Ctrl+Q组合键将图形转换为曲线（图9-8）。

②复制一个新矩形，设置其宽度为155 mm，高度为190 mm，填充颜色为"黄色"（C：0、M：0、Y：90、K：0），设置轮廓颜色为"绿色"（C：100、M：0、Y：100、K：0），轮廓宽度为2.0 mm（图9-9）。

③选中前面制作好的五彩条纹，执行菜单栏中的"效果"→"图框精确剪裁"→"置于图文框内部"命令，将图形放置在黄色矩形内部（图9-10）。

④执行菜单栏中的"效果"→"图框精确剪裁"→"编辑PowerClip命令"编辑图形，复制一份并依此调整方向和位置。然后执行菜单栏中的"效果"→"图框精确剪裁"→"结束编辑"命令，结束编辑条纹（图9-11）。

⑤双击矩形四周会出现编辑点，将光标放在编辑图形的角落，此时光标变成圆弧形，按住鼠标并向左拖动（图9-12）。调整好位置，完成倾斜效果（图9-13）。

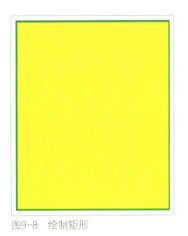

图9-8 绘制矩形

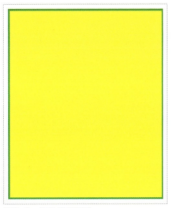

图9-9 复制新矩形

图9-10 五彩条纹放置在黄色矩形内部

图9-11 完成后的效果

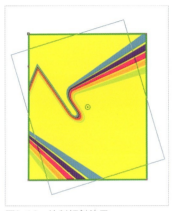

图9-12 绘制倾斜效果

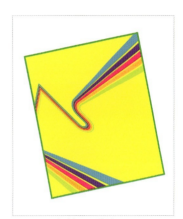

图9-13 倾斜之后的效果

⑥单击工具箱中的"矩形工具"按钮，设置其宽度为180 mm，高度为180 mm。按Ctrl+Q组合键将图形转换为曲线，并填充颜色为（C：0、M：60、Y：100、K：0），设置"轮廓"为无（图9-14）。

⑦将绘制完成的条纹图案，按照同样的方法执行"置于图文框内部"命令并进行编辑内容。将黑色条纹与五彩条纹都放置在矩形中，然后调整位置和方向，注意一定要有空间感与层次感。执行菜单栏中的"效果"→"图框精确剪裁"→"结束编辑命令"，结束编辑条纹图案（图9-15）。

⑧将3个矩形从下到上依次排列放置。选择黄色和黑色的矩形，按Ctrl+G组合键，将它们群组到一起。然后按住Shift键的同时选中后面最大的矩形，执行菜单栏中的"排列"→"对齐和分布"→"对齐和分布"命令，打开"对齐与分布"对话框，单击右对齐，左侧勾选中复选框。至此，封面构图与框架就完成了（图9-16）。

图9-14　橙色渐变矩形

图9-15　完成后的效果

图9-16　框架最终效果

图9-17　输入并调整文字

图9-18　完成效果

（3）制作文字

①单击工具箱中的"文本工具"按钮，输入中文"色彩心理学"，执行菜单栏中的"排列"→"拆分美术字"命令，或者按Ctrl+K组合键将文字拆分，然后填充文字颜色为白色（C：0、M：0、Y：0、K：0），并且编辑文字间距（图9-17）。

②选择文字"色"，进行渐变填充，选择文字"彩"填充为橙色（C：0、M：60、Y：100、K：0），然后添加白色背景框，再将文字再进行局部大小、位置的调整（图9-18）。

（4）完成封面辅助图案

①单击工具箱中的"形状工具"按钮，将橙色矩形的左上角去掉（图9-19）。用同样的方法去掉黄色矩形的一角（图9-20）。

图9-19　添加节点

图9-20　删除之后的效果

图9-21　合并之后的效果

②单击工具箱中的"贝塞尔工具"按钮，沿着两个图形新增加的边，绘制一个三角形，填充颜色为黄色（C：0、M：0、Y：95、K：0），轮廓为绿色（C：100、M：0、Y：100、K：0），轮廓宽度为2.0 mm。单击工具箱中的"形状工具"按钮，调整数字之间的距离，并填充为"绿色"，调整大小之后（图9-21）。

③添加封面其他文字，调整字体、大小、颜色及位置等，将其放置在封面上，完成封面设计图（图9-22）。

（5）完成书脊和立体效果

①单击工具箱中的"矩形工具"按钮，绘制一个宽度为21 mm，高度为260 mm的矩形，填充颜色为"白色"到"灰色"（C：0、M：0、Y：0、K：70）的线性渐变，设置轮廓颜色为"灰色"（C：0、M：0、Y：0、K：20），轮廓宽度为2.0 mm。

②将制作好的文字，包括书名、出版社名等复制一份并全部竖式排列（图9-23）。

③将竖式文字放置在书脊中上下排列，并把颜色进行调整。然后把书脊与封面组合到一起（图9-24）。

④双击封面，并对它们进行垂直扭曲。将光标放到封面右侧的↕状的编辑点上，此时光标变成⇅状，按住鼠标并垂直向上拖动，完成扭曲效果（图9-25）。

⑤按照同样的方法，将书脊部分也应用扭曲效果（图9-26）。

图9-22　完整封面设计

图9-23　书脊文字

图9-24　封面与书脊组合效果

图9-25　封面扭曲

图9-26　书脊扭曲

⑥单击工具箱中的"贝塞尔工具"按钮，绘制三角形并复制多份，为它们填充不同颜色，以达到书籍五彩斑斓的特点。单击工具箱中的"透明度工具"按钮，按照前面讲过的方法，给图形应用透明度效果，为书籍添加内页（图9-27）。

图9-27　复制应用透明效果

⑦将前面做好的内页与封面和书脊摆放到一起并复制封面，单击属性栏中的"垂直镜像"按钮，将封面翻转。同样双击封面的镜像图形，垂直向上扭曲图形直至与封面的底部相互吻合。

⑧执行菜单栏中的"位图"→"转换为位图"命令，打开"转换为位图"对话框，单击"确定"按钮。然后再单击工具箱中的"透明度工具"按钮，为其应用透明效果，制作出倒影的立体感觉。用同样的方法制作书脊倒影（图9-28）。

⑨单击工具箱中的"矩形工具"按钮，绘制两个矩形，分别设置"宽度"为600 mm，"高度"为265 mm和"宽度"为600 mm，"高度"为199 mm，"轮廓"为无，将小矩形填充为"浅灰色"（C：13、M：10、Y：10、K：0）的到"青灰色"（C：77、M：65、Y：65、K：36）线性渐变，将大矩形填充为80%黑到黑的线性渐变，将制作好的书籍立体效果图放置其中，单击工具箱中的"矩形工具"按钮，为书籍绘制投影。再单击工具箱中的"透明度工具"按钮，为它们应用透明度效果，使投影看起来更加真实和生动。最后添加一些装饰完成封面立体效果（图9-29）。

图9-28　立体效果

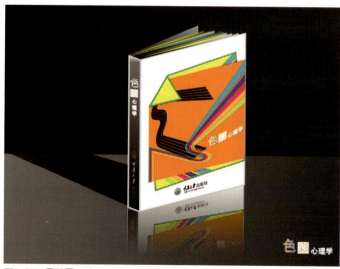

图9-29　最终展示效果

包装设计

学习重点

了解包装设计的概念、分类、功能。
掌握包装设计的基本元素与编排方法、包装设计
的流程。
案例详解CorelDRAW X6中包装的绘制方法。

10.1

包装设计的基本元素与编排方法

包装设计是以商品的保护、使用、促销为目的，将科学的、社会的、艺术的、心理的诸要素综合起来的专业设计学科。其内容主要有容器造型设计、结构设计、装潢设计等。

包装设计的基本元素为文字、图形、色彩等。

（1）文字设计与排版的建议

①字体规范、准确、醒目且易于辨认，有主有次。

②设计作品上字体一般以两三种为宜，可有大小、粗细的变化，但字体不宜变化太多，以免产生混乱。

③商标品牌名称文字设计是包装文字设计中的重要环节，设计时最好根据产品内容与属性，选用现有字体或重新设计，并具有良好的识别性和审美功能。

④文字内容简明、真实、生动、易记，具备良好的识别性、可读性。

⑤文字编排与包装整体设计风格相和谐。

⑥字距、行距安排得当，有聚有散，以免造成阅读混乱等。

⑦印刷体的字形清晰易辨，在包装上的应用更为普遍，汉字印刷体在包装上运用的主要有老宋体、黑体、圆黑体等。

（2）图形设计的建议

①图形设计要有准确的信息，在处理中必须抓住主要特征，注意关键部位的细节。

②图形设计要注意鲜明而独特的视觉感受，能引起人们的注意。

③图形设计要注意有关的局限性与适应性，图形传达一定的意念，对不同地区、国家、民族的不同风俗习性应加以注意；同时也要注意适应不同性别、年龄的消费对象。

④注意图形与文字之间的相互关系，在某种意义上来说，图形在吸引消费者的视觉方面，比文字更有魅力、更具直观性。因此，图形的应用与处理，应防止安排布局的随意性，防止图文之间缺乏主次。

（3）色彩设计的建议

①在竞争商品中有清楚的识别性。

②是否有很好的象征内容。

③是否与其他设计因素和谐统一，有效地表示商品的品质与分量。

④是否为商品购买阶层所接受。

⑤是否有较高的明视度，并能对文字形成良好的衬托。

⑥色彩在不同市场、不同陈列环境是否充满活力。

⑦注意不同民族与地域的色彩偏好与禁忌。

包装设计的设计程序

包装设计的程序为准备阶段→设计阶段→制作生产阶段（图10-1）。

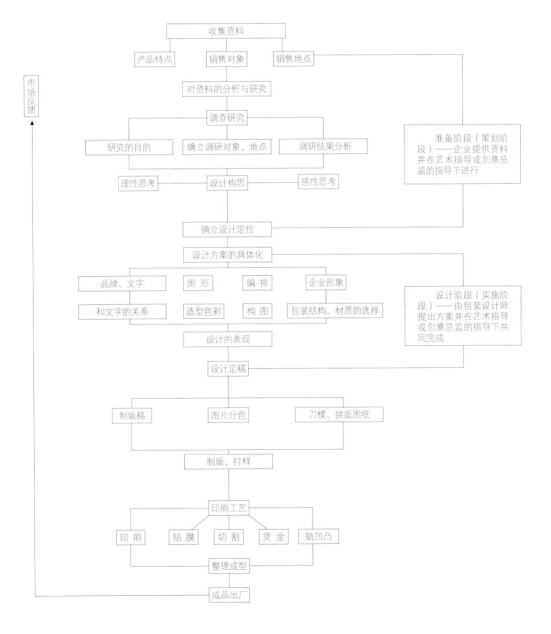

图10-1 包装设计流程树状图

10.3

案例：京八件产品包装设计

（1）实例解析

本实例（图10-2）主要使用"贝塞尔工具""透明度工具""形状工具""阴影工具"及"文本工具"等，制作出具有地方特色的旅游土特产包装设计。

（2）步骤详解

①执行菜单栏中的"文件"→"新建"命令，设置文件宽度和高度为 420 mm × 297 mm，根据已设计好的包装盒尺寸大小，从标尺栏中拖出多条辅助线（图10-3）。使用"挑选工具"和"旋转工具"，移动辅助线的位置，使包装盒的轮廓形成。

②使用"贝塞尔工具"和"矩形工具"，根据辅助线绘制出包装底盒平面展开图（图10-4）。

③删除多余辅助线，使用交互式填充工具填入颜色。具体使用颜色参考数值见图10-5。

图10-2 京八件盒底盒盖平面展开图

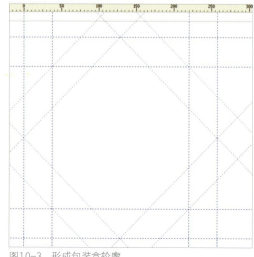

图10-3 形成包装盒轮廓

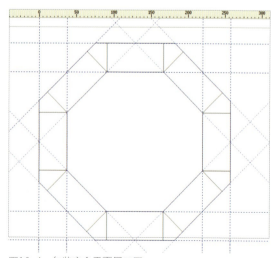

图10-4 包装底盒平面展开图

图10-5　颜色参考值

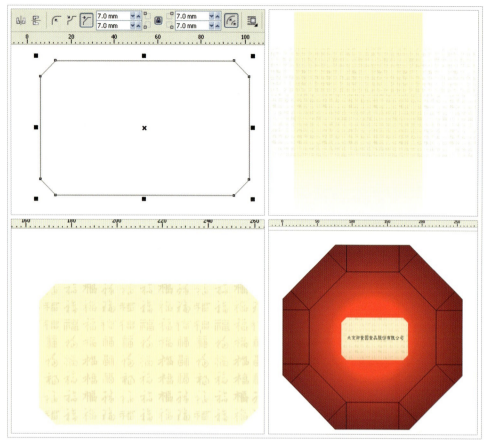

图10-6　绘制图形、导入素材、输入文字

　　④使用矩形工具绘出以下图形，将素材导入，使用"效果"→"图框精确剪裁"→"置于图文框内部"，去掉边框，输入文字"北京御食园食品股份有限公司"（图10-6）。

　　⑤使用以上相同方法绘制出盒盖包装展开图，使用同样方法填入色彩（图10-7）。

　　⑥导入素材，绘制盒盖包装周边的花边（图10-8）。

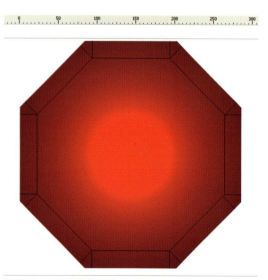

图10-7　盒盖包装展开图

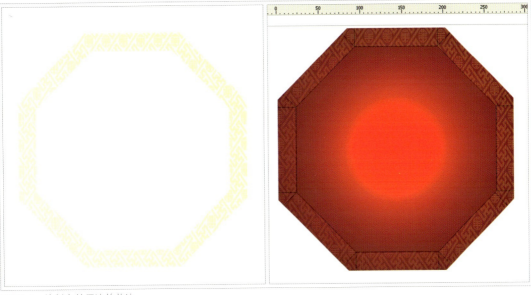

图10-8　绘制盒盖周边的花边

⑦使用多边形工具绘制八边形，设置参数（图10-9）。

⑧将素材导入，使用"效果"→"图框精确剪裁"→"置于图文框内部"，去掉边框（图10-10）。

⑨使用文字工具和相应字体库，绘出字体，并导入素材——标志、图形、小人，最终效果如图10-11所示。

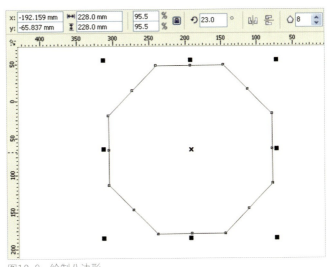

图10-9　绘制八边形

图10-10　导入素材

图10-11　导入素材后的最终效果图

图10-12　包装的结构图和平面展开图最终效果

⑩包装的结构图和平面展开图最终效果（图10-12）。

⑪一般来说，包装的结构图和平面展开图在Coreldraw里面制作，包装的立体效果图在Photoshop里面制作，这与软件本身的特点有关，两者之间的区别在前面技法训练1提过。立体效果图步骤在此就省略了，用Photoshop制作的立体效果图如图10-13所示。

图10-13　立体效果图

参考文献

[1] 王红卫，等.Coreldraw X5案例实战从入门到精通 [M].北京：机械工业出版社，2011.

[2] 余辉，刘静，刘芬芬，等.Coreldraw X5从入门到精通 [M].北京：中国青年出版社，2011.

[3] 数码创意. 中文版Coreldraw X4宝典 [M].北京：电子工业出版社，2010.